LUXURY STYLE Ⅱ

奢豪宅 Ⅱ（上）

高端别墅设计

深圳市博远空间文化发展有限公司 编

華中科技大學出版社
http://www.hustp.com
中国·武汉

目录

现代摩登

东情雅奢

西韵极妍

现代摩登

现代 简约 时尚 轻奢

Modern Brief Fashion Luxurious

东情雅奢

东方 简约 时尚 雅奢

Oriental Brief Fashion Luxurious

西韵极妍

欧美 流行 时尚 奢华

Euro-American Popular Fashion Luxurious

现代摩登

现代 简约 时尚 轻奢

Modern Brief Fashion Luxurious

上海铂悦滨江旭辉别墅

设计机构：大观·自成国际空间设计　　项目面积：674 m^2

设 计 师：连自成　　主要材质：烤漆板、胡桃木、拉丝古铜等

项目地址：上海

1925 年，巴黎，Art Deco 装饰风格诞生。

1935 年，上海，汲取西式建筑中 Art Deco 装饰元素的石库门建筑—李氏民宅建成。历经 80 年风雨变迁，周边的大片农田被高楼大厦所代替，魔都的繁华日新月异。

2015 年，在毗邻老宅的铂悦滨江，设计师采用摩登前卫的后现代主义风格打造的本案，既是对经典的致敬，更是寻求传承之上的突破与超越，展现了一种穿越时空的艺术力量。

本案在建筑规划上打破了传统别墅的设计理念，强调超大的空间尺度，这也为室内设计创造了得天独厚的条件。邻近没有高楼，阳光作为大自然的馈赠洒进整个房间。她是眼中的灿烂、身上的温暖、心底的浪漫，与干净纯粹的白色空间融合得恰到好处。而为数不多的金、黑、蓝、绿、橙，仿佛是画卷上的浓墨重彩，跳跃穿插其中，为空间增添了几分生动和高贵。作为居所中的点睛之笔，承启上下动线的主楼梯宛如雕塑般存在于空间之中，虽然用色低调，但造型、工艺都是老上海 Art Deco 的典范，优雅、柔和、动感的曲线一气呵成。楼梯墙面的装饰元素也秉承这一手法，银色的装饰线条也是典型的 Art Deco 元素。彼时彼地的巴黎、彼时的上海与此时此刻的上海透过这件雕塑艺术般的宅邸在时空交错间得以穿越，激荡出艺术的共鸣。

COOK BOOK

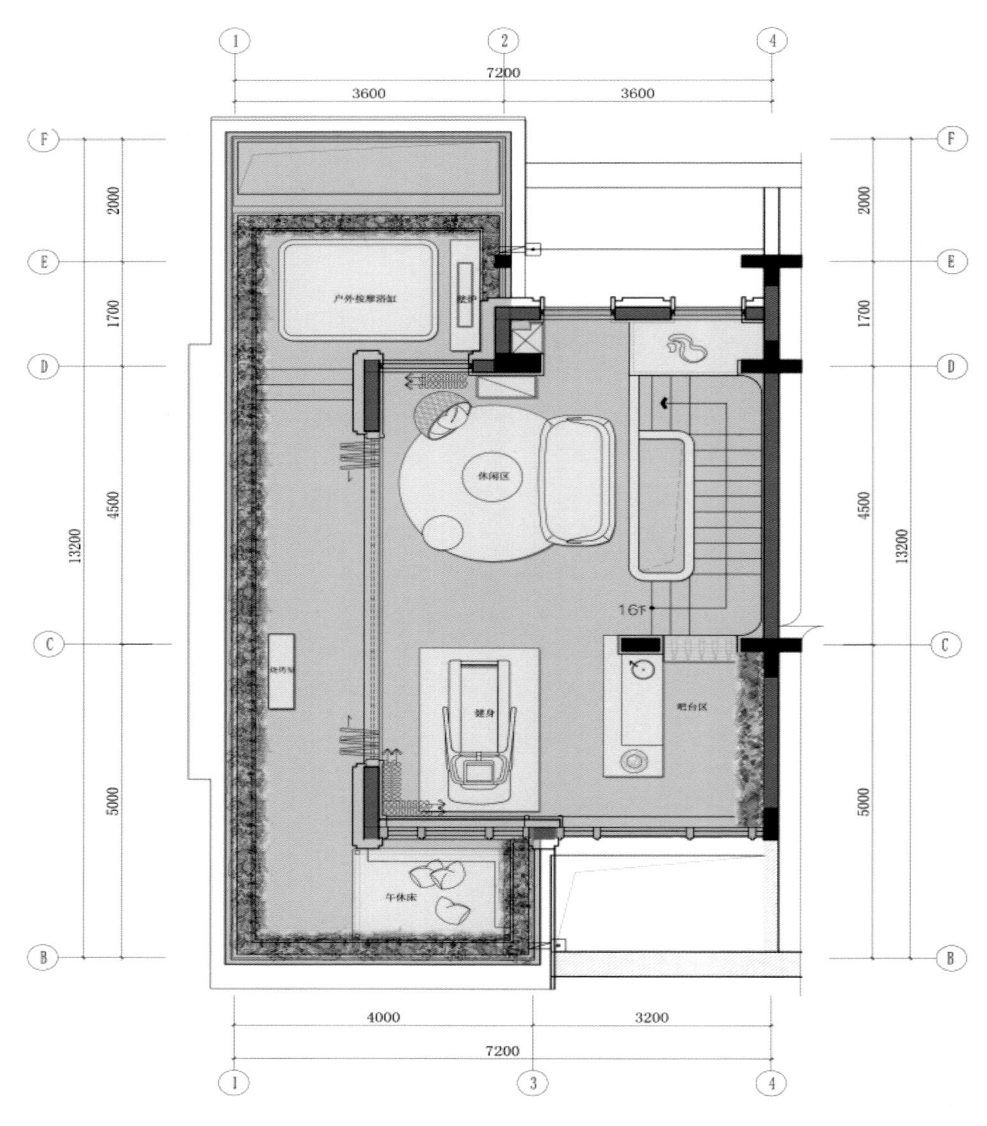

1
2
4
7200
3600
3600
F
E
D
C
B
2000
1700
4500
5000
13200
户外按摩浴缸
壁炉
休闲区
16F
健身
吧台区
午休床
4000
3200
7200
1
3
4

苏河湾滨水别墅

设计机构：The One House Design 壹舍设计顾问　　项目地址：上海
主设计师：方磊　　项目面积：1500 m^2
设计团队：马永刚、赵晔琪、廖宇花、李文婷　　主要材质：木皮染色、拉丝玫瑰金纳米等

本案位于上海，项目东临外白渡桥，与邮电总局、浦江饭店（原礼查饭店）和外滩一脉相连，与陆家嘴隔江相望，紧邻人民广场、南京路、淮海路等上海最具国际化氛围的商圈。

华侨城苏河湾整个项目的规划设计，是通过人文景观轴线和滨水景观轴线，连接上海总商会、天后宫、慎余里名人故居、银行仓库群等文化遗址，国际一流美术馆、中央绿地、国际游艇俱乐部穿梭其间，形成历史与当代相互交织变化的城市亲水观光格局。滨水别墅紧靠宝格丽（BVLGARI）这一全球顶级酒店品牌（全球第四家）和浦西最高、最豪华的景观住宅，完美地与之相匹配，已跃然成为全球顶级生活社区。

苏河湾滨水别墅其建筑融合了老上海特有的元素，结合东西方文化，独具品位，让它的精致在时光中穿梭，随时光的变迁而愈发迷人。该项目共 1500 m^2，地上四层、地下三层，定位为简约都市风。相对复杂多样的空间形式使其有利于设计各种功能区域，以满足主人多方面的生活需求和兴趣爱好。设计师从平面功能布局上充分考虑到与室外的环境相结合，以达到当代生活的精神诉求，追求文化、艺术与生活的和谐共鸣。

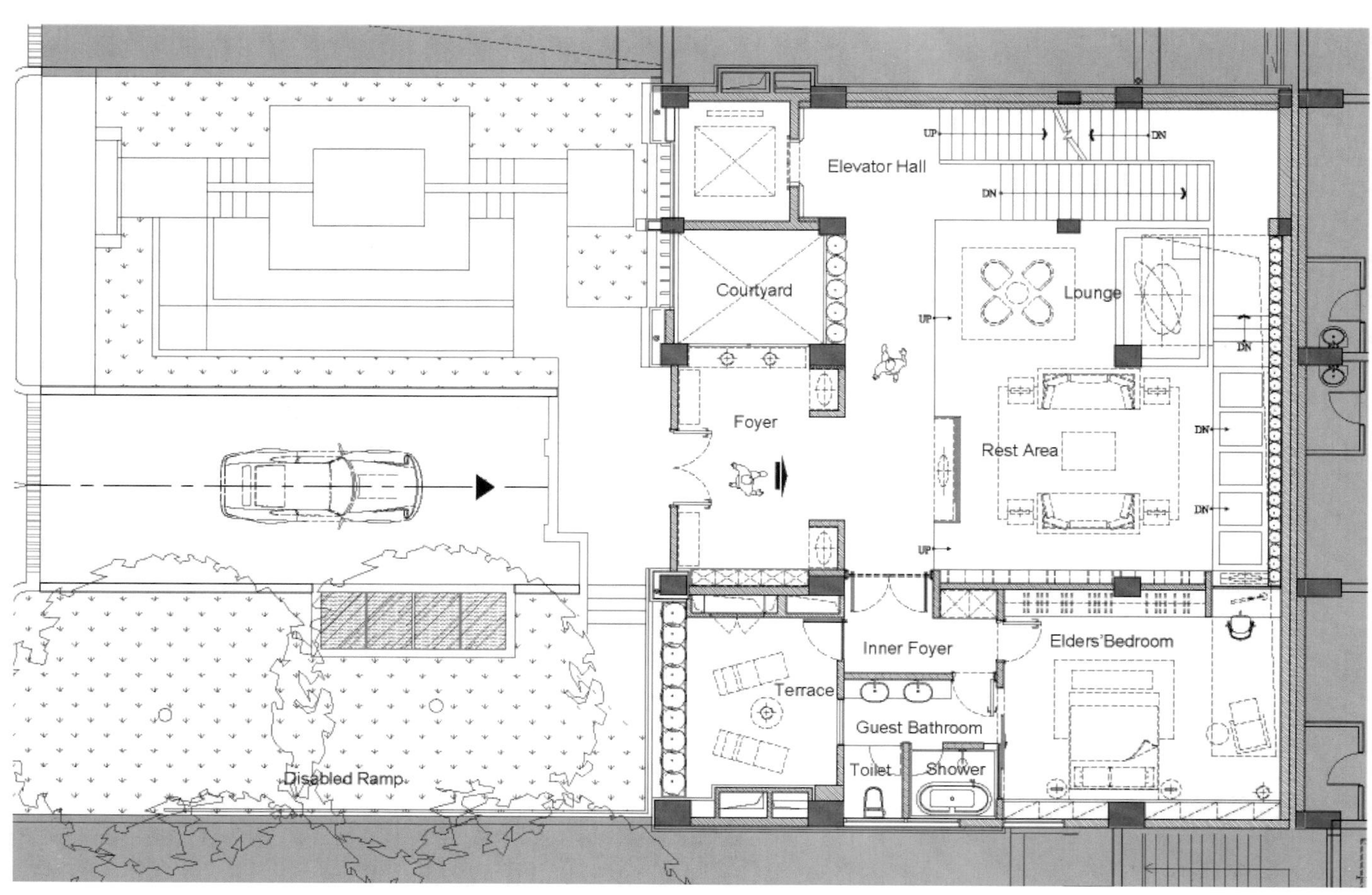

Elevator Hall
UP
DN
Courtyard
Lounge
Foyer
Rest Area
Inner Foyer
Elders'Bedroom
Terrace
Guest Bathroom
Toilet
Shower
Disabled Ramp

Remington

台北文山久康小山田

设计机构：观林空间设计　　项目面积：198 m^2

设 计 师：黄传林

项目地址：台湾・台北

本项目位于台湾台北，为三代同堂的温馨住所。业主从事金融业，偏爱现代日式休闲风格。设计师保留了住宅的良好格局，同时引入丰沛的采光，规划了许多穿透性的设计与收纳展示功能，进而展现大宅的艺术底蕴。进入室内，玄关即开启了大宅风范，设计师在入口处配置静谧的端景，形成具有禅意的居家表情，同时将展示柜结合鞋柜，糅合美感与功能。来到公共区域，则将书房、客厅、餐厅安排在同一轴线，铺陈木地板连贯整个领域，搭配沉静、素雅的家具、家饰，开拓出禅风的休闲韵味。并于沿地面开窗引进采光，交织出开阔、明亮的居家视野。书房空间则以清玻材质作为隔断，保有了通透的空间视感，并于书墙上加入间接照明，形成一幅美好的居家端景。餐厅则以圆桌定义其范围，于半空悬吊造型灯饰构成视觉焦点，并将木钢琴陈列于一旁，演奏出朴实、充满文艺感的用餐气氛。在餐厅与厨房之间，配置了一扇茶玻璃拉门，不仅使得油烟隔离，也保留了弹性、通透的格局。卧房呈现舒适的度假气息，以大面木作包覆墙面，并将收纳空间隐于墙面之内，展现内敛、雅致的沉静气质！在三代同堂的空间中，设计师以沉稳调性满足业主、长辈的品位；同时也开辟了一处童趣天堂，以鲜黄色作为活泼的背景色，赋予孩子尽情涂鸦的乐趣！

KELLY HOPPEN

壹城壹墅—珠江壹城 A5 区 G10-02 单元别墅样板房

设计机构：	广州共生形态设计集团	项目地址：	广州·从化
设 计 师：	彭征	项目面积：	410 m²
设计团队：	彭征、谢泽坤、吴嘉	主要材质：	大理石、玫瑰金、玻璃等

波光潋滟、绿茵常浓的流溪河，静静地坐落在广州市从化北部，它虽然不似珠江般繁华多姿，却自有一种远离城市喧嚣的怡然趣味。壹城壹墅邻近流溪河畔，依山傍水，自然条件十分优越。珠江壹城是珠江地产投资 380 亿元进行连片开发的超级城市综合体，整个项目总规划占地面积约 1.9 万亩，本项目室内设计及软装陈设由广州共生形态设计集团倾力打造。

室内空间保留了原有会客厅近 7m 的挑空，不仅恢弘大气，亦通过隔断将两层空间巧妙连接，使楼梯间和走廊相得益彰。餐厅茶室位置遵循国人的生活习惯又结合当代审美进行升华创作，开放式厨房，与餐厅、茶室三位一体，不管在空间的表现力还是生活感染力上，都实现了高度统一。由透明玻璃扶手为过渡，并以流线型手法在木饰面上加以装点，在一步一景的趣味中到达负一层红酒区和健身房，户外花园映入斑驳阳光，惬意流连。超大的 SPA 区设有泡浴和桑拿功能，其中玛瑙玉对纹铺贴，尽显奢华。老人房设于一楼，起居方便；保姆房设有独立卫生间，并连通引入天光的工作间，设计如此人性，使我们仿佛能体会到一家人其乐融融的感动。二楼的女儿房活泼动感，用色大胆，并设计有独立卫生间和景观书房，可谓细心周到。主人房南北对流，超大卧室干湿分区，落地浴缸，凭窗远眺，可观流溪河之气象万千。

在此空间塑造中，设计师以现代人的生活方式融入东方气质美学营造意境，并尝试用跳跃的色彩和时尚审美融入具有人文底蕴的简约中式风格之中，生活细节的精准把握，于共生中见生活美意。

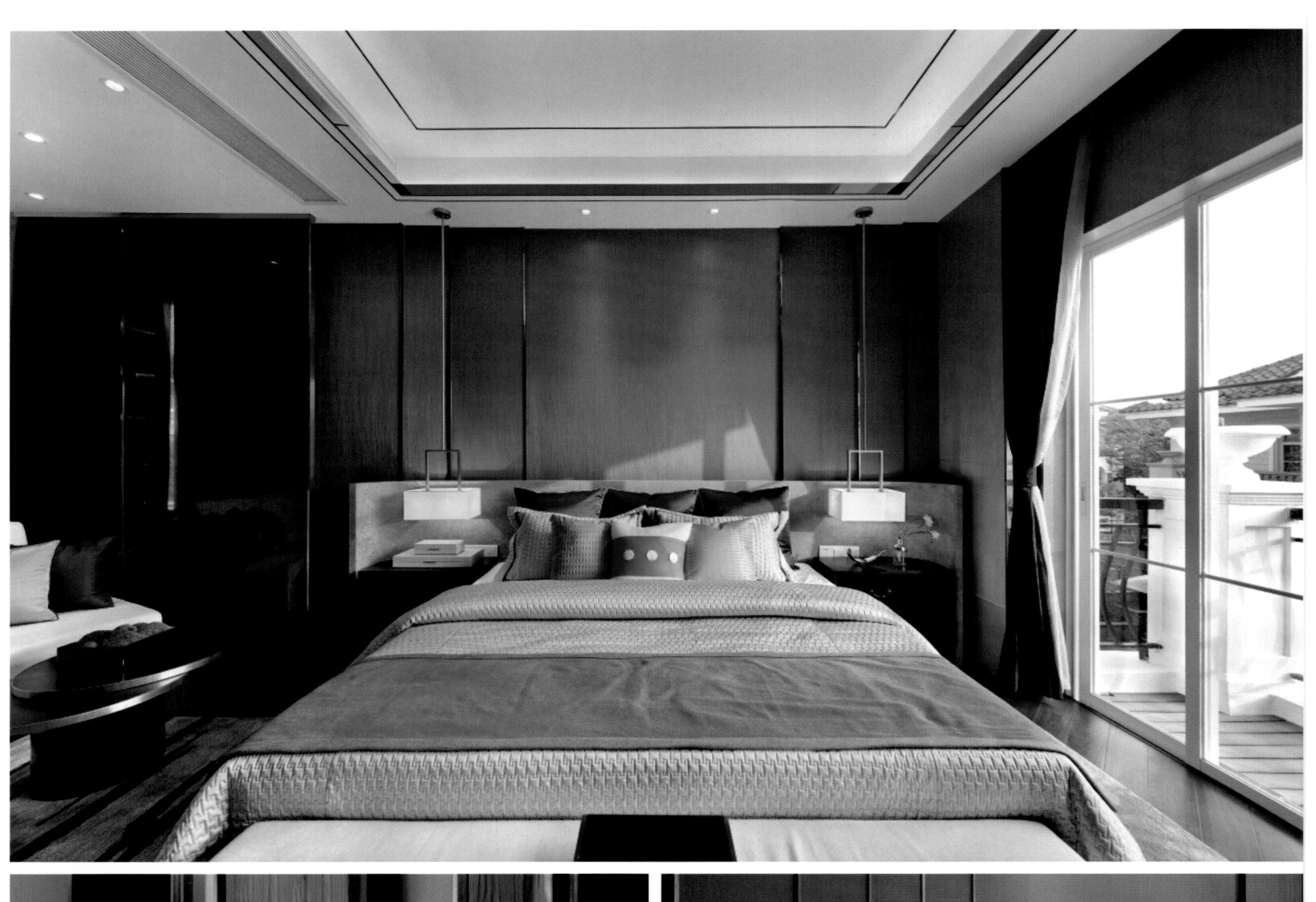

REVOLVER
Yellow Submarine
LET IT BE
THE BEATLES
Abbey Road

彰化林宅

设计机构：	界境室内设计	项目面积：	214 m²
设 计 师：	林双庆	主要材质：	水染蕾丝木、进口美耐板、黑网石等
项目地址：	台湾・彰化		

本案是自地自建的建筑，楼下是工厂，楼上则作为住家。业主希望有一间独立的更衣室，提供给未来的女主人使用，于是设计师运用茶镜和铁件围塑出具视觉穿透感的更衣室，开放式衣柜及梳妆台配备一应俱全。主卧床头包覆咖啡色皮革，营造沉稳现代酒店风。男主人的更衣室，则位于主卧电视墙后方，悬空的墙面不完全阻挡视线，维系出轻盈的感觉。

公共区域部分，客厅与书房以电视矮墙区隔，保持空间的开阔性，客厅背墙设计为开放展示柜，和沙发后方柜体材质和风格相互呼应，书房旁进入主卧的门板，则运用造型隐藏门呈现，让空间具有整体性。餐厅主墙选用镜面白色柜体，在深色系空间中轻松成为视觉焦点，再搭配石材餐桌与精心挑选的线形主灯，烘托出时尚静谧的用餐氛围。

Arletta
Arletta
Arletta
Arletta

Modern Interiors
wolterinck's world OUT IN
BOON

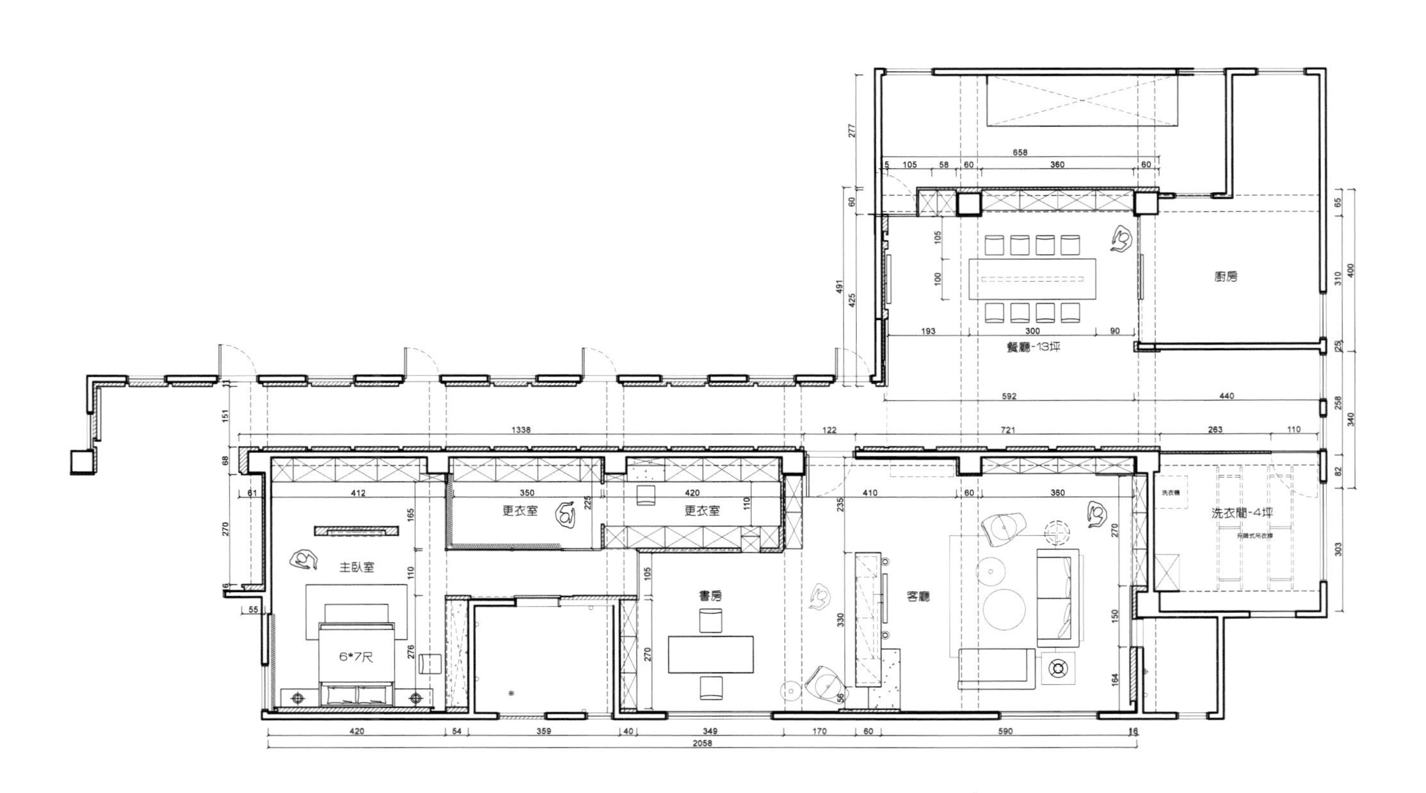
餐廳-13坪
廚房
主臥室
6*7尺
更衣室
更衣室
書房
客廳
洗衣間-4坪
洗衣機

TOUR EIFFEL
JARDINS du LUXEMBOURG
OPERA
CHAMPS-ÉLYSEES
St MICHEL
GARE
ABBESSES

源自原本

设计机构：源原设计　　项目面积：150 m^2

设 计 师：谢佩娟、蔡智勇　　摄 影 师：岑修贤

项目地址：台湾・台北

本案的业主从事科技业，向往自然，倾心自然材料的原朴之美。此特质触发设计团队以“原质”作为思考起点，扩展至全案设计，据此借物喻人，表达居住者“怀抱本真，钟爱自然”之理想，进而反思过往我们对于完美的定义。

全案拥有两个楼层，功能规划仅需服务业主个人。设计团队希望强化居室与环境互动，考量到原有楼面与梯区的位置限制了采光，隔间数亦衍生许多闲置空间，因而设计师决定重整布局，廓清一楼的动线与格局，整合餐厨空间并编设于厅侧，将原有梯位挪移，拉开楼梯区与露台间距，增设一座竹平台连接内外动线，烘托落地窗的引景效果，借此凸显环境优势，让阳光、风动、落雨都化为居家背幕，将生活空间融于环境动态。二楼则拆除部分楼板，令厅区挑高、大气，并且采用玻璃围栏加强采光与视觉通透性，进而使楼面关系更为紧密。

KELLY HOPPEN
LUXURY HOTELS
THE HOTEL BOOK

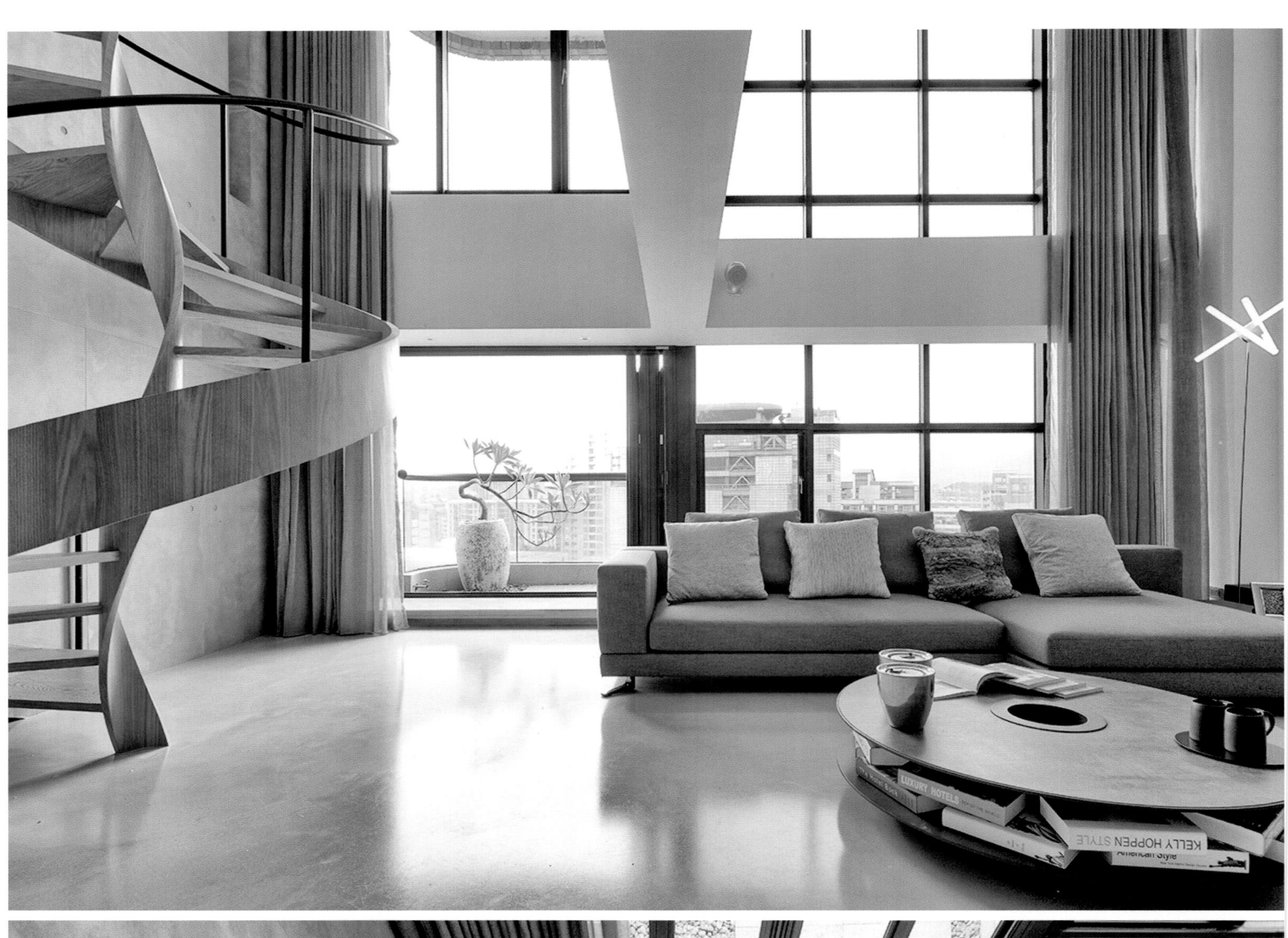
LUXURY HOTELS
KELLY HOPPEN STYLE
American Style

KELLY HOPPEN
THE HOTEL BOOK

THE HOTEL BOOK
DECOR
ALL-AMERICAN FLAIR
STYLE
LUXURY HOTELS

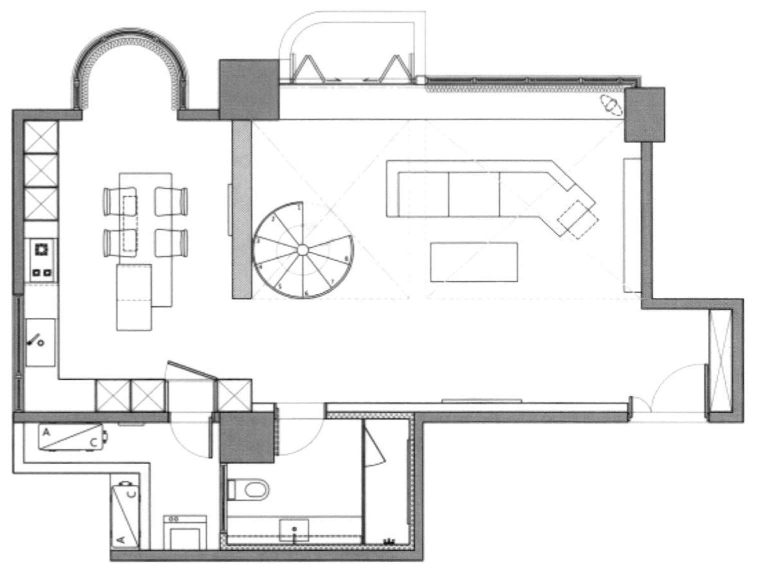

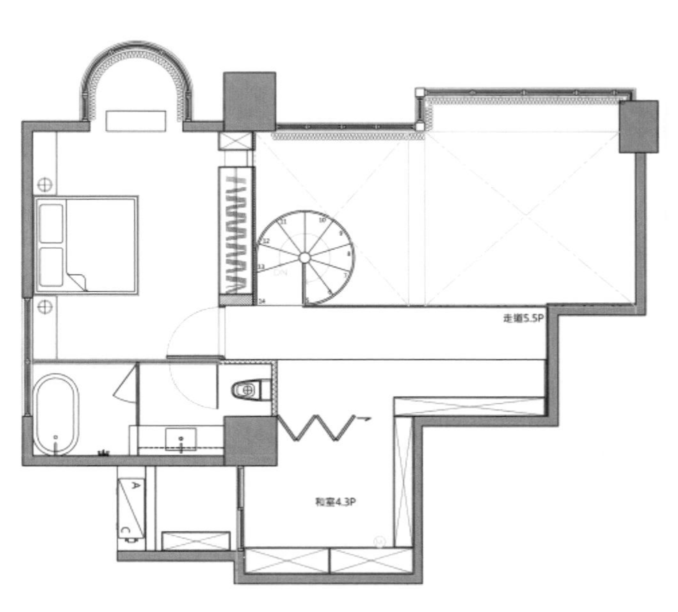
走道5.5P
和室4.3P

LUXURY HOTELS
SPACE

SPACE
MARILYN MONROE
American Style

泽光映影

设计机构：源原设计　　项目面积：300 m²

设 计 师：谢佩娟、蔡智勇　　摄 影 师：岑修贤

项目地址：台湾·台北

映景：本案坐落于河畔的宽广空间，大面积的山水河景，率先映入眼帘，近观自然，对应这个基地的特点，设计师意图透过"倒映"的方式，"延续"出不同层次的空间光彩与对外景观。人字拼木地板象征"大地"，天花板是"云"，灯槽是"阳光"，模拟大自然的光与影，再现大自然；

转折相映：运用线的延伸与面的转折，替代隔间的方式，将开放的公共空间划分成两个不同区域：走道及客、餐厅，增添了空间趣味性，材质的单纯化铺陈，借由转折的延展性，呈现视觉张力；

大地借景：行云流水般的动感灰色大理石，自玄关走道一路延伸至整个开放空间，将"山水"意象引进室内，进而延续至对外的自然观景，创造大胆而协调的宁静力量；

光影流动：来到主人房间，抢眼夺目的主墙面，伫立于空间之中，让人立即感受到树大便是美的惊艳，由一千一百多片灰白色大理石利用雾面、光面的交差排列，以及变化不同角度的手法拼贴，形成光影在石材上流动，晶莹闪烁的梦幻气息展露无疑，如同一件手工艺术品般，让生活及艺术合二为一；

自然基调的律动：纯粹基调的材质及灯光的运用，空间表情多了丰富的层次，产生出舒适温暖的氛围，以及质感居家生活的怡然自得。

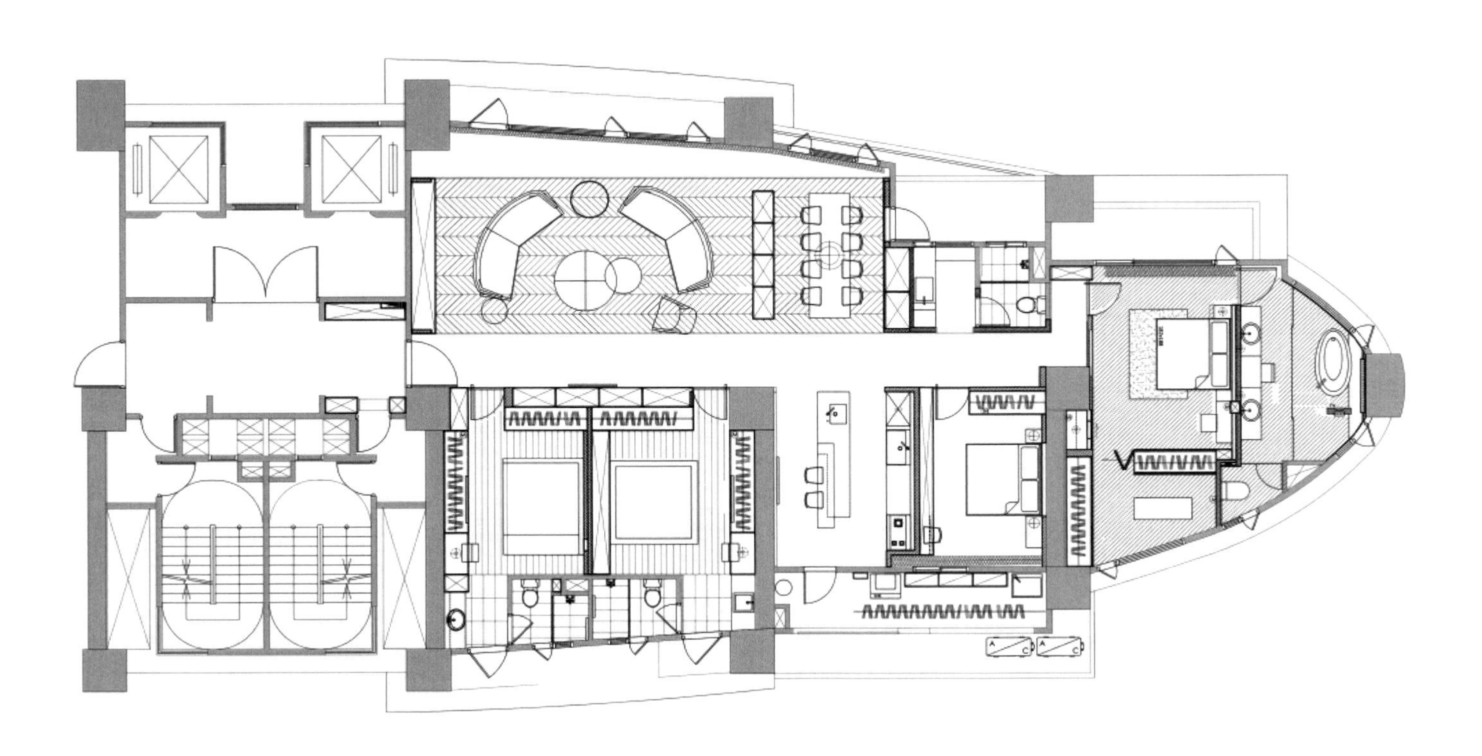

DECOR

MARILYN MONROE

MARILYN MONROE

大都会精品风格

设计机构：大观自成国际空间设计	项目地址：上海
主设计师：连自成	项目面积：270 m^2
设计团队：金李江、耿小丽	主要材质：胡桃木、毛面砖、铜艺栏杆、陶瓷等

宝华·紫薇花园样板房三部曲之 G 户型，是荟萃了所有对于精品的思考的大都会风格，这样的风格出现是对人类文明的思考和体现，是居住于都市中的人们内心的反映。每个人都在寻找一个适合自己的角色。

于是它是包容的，是洋气的，是将秩序感和混乱感融合在一起的。空间里，皮革材质与精密、平整的镀烙金属相结合，装饰线条呈工业设计感，以卡其色、白色作为背景色，穿插一些暖色系的点缀，有别于现代主义冷冽的感觉。黄铜喇叭的印象，转化成了厨房里的铜制锅具，是经典的象征。

家饰的时髦、整洁和高端，适合永远追求精致生活的人群，使家能够时时刻刻散发出独特的魅力，且永远和时尚齐头并进。开阔的房间，时髦且雅致的芬迪（Fendi）现代家具，流露出一种低调的奢华，高科技高品质的现代化厨房，是这个城市的应有的摩登、时尚的态度。这种生活方式追求简洁，同时保持着华丽。现代的大都会文化从现代简约设计中解放出来，包豪斯强调的简约概念表示装饰就是一种罪恶，而大都会精神即对于简约的讽刺，用重新定义的装饰艺术去强调了奢侈无罪。这既是都市人自信的反映，也是对人类文明的向往。

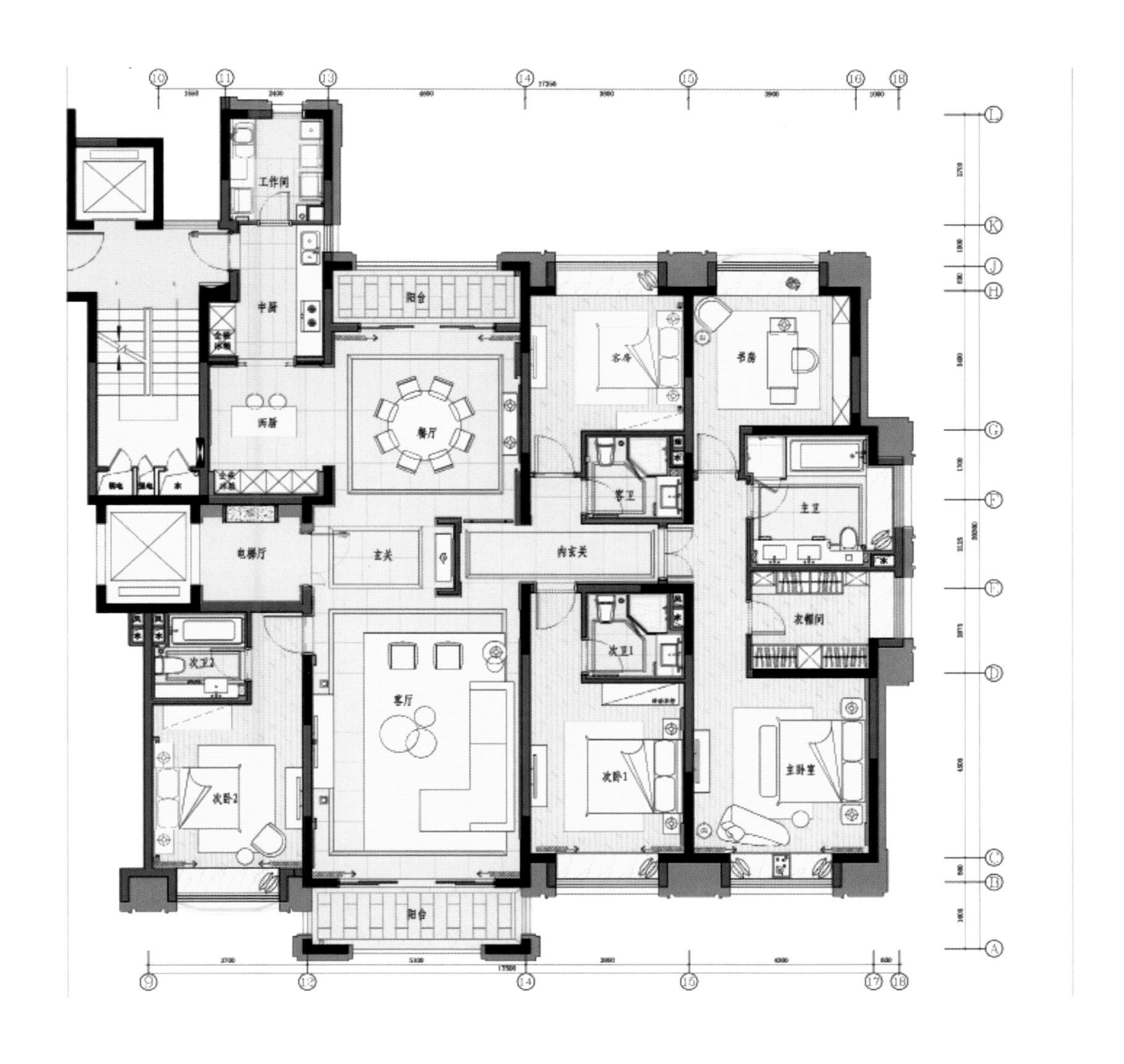

工作间
中厨
阳台
客房
书房
西厨
餐厅
客卫
主卫
电梯厅
玄关
内玄关
衣帽间
次卫2
次卫1
客厅
次卧2
次卧1
主卧室
阳台

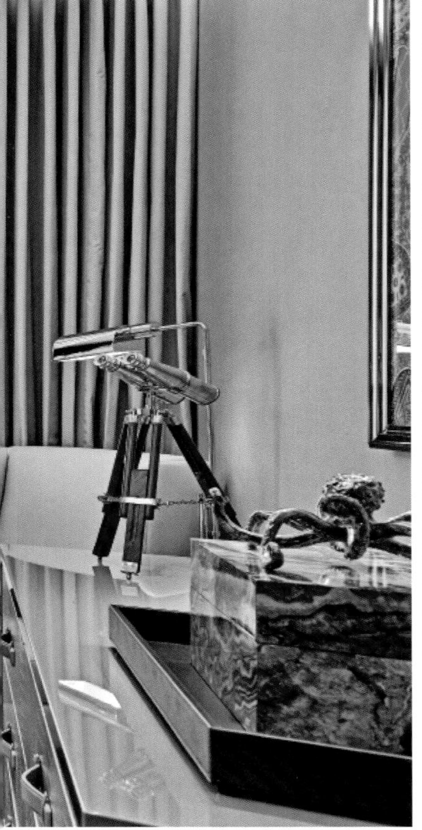

本然

设计机构：鼎睿设计有限公司　　项目面积：347 m²
设 计 师：戴鼎睿　　摄 影 师：李国民
项目地址：台湾・新竹

空间规划的精神，着重在生活态度的体现上，而非空间的极尽利用。各区域虽依功能区分而有所不同，然而在穿透视线的串连下，视野得以依层次而延伸，不但从平面展开，同时向上扩展，空间的价值，也得以发挥充分的效益。

设计师在材料选择的原则上，执着于自然法则的协调，而非精品的肆意堆叠。各材质原始的色泽与质感，在有限的修饰下，以原本的风格呈现。借由彼此巧妙的搭配，让生活环境回归自然法则。不管是室内或室外，都注重彼此之间的联结与延续。

开放空间的适度保留，一方面让空间的使用保持弹性，另一方面改变居住者的行为模式，进而调整心情与态度。在空间规划的设定下，光源依角度排列组合，呈现光影结合的背景图腾。日落之后，灯源配置的拿捏、灯具光线投射的线条，以深浅比例控制，营造出夜晚迷人的气氛。

石材、木料、铁件是空间设计的三项主要材料。且都是以粗犷的表面处理，让三者得以在一致的表现风格下，协调并存于同一空间。同时强调材质本身的差异：石材的朴实、实木的温润、铁件的冷酷，依循大自然原有的法则，平衡地营造出以人为本的生活家园。

天光·藏缘
返璞归真—美河市周宅

设计机构：禾筑国际设计　　主要材质：石英地砖、木皮、木地板、石材等

设 计 师：谭淑静

项目面积：215 m²

水畔天光相依，河景、绿带与远山绵延成景，与都市里紧凑、仓促的节奏相反，禾筑设计依循居者品位及建筑群所在的地理条件为主导，用简雅、真朴的空间旋律，与大自然进行一段亲　对话，更消融了城市里人声车声的喧嚣与纷扰。

倚着大自然礼赞的水色山林，设计师用细致入微的观察和洞悉力，结合以简驭繁的设计哲学，架构出这个以人为主、以环境之声为辅的生活剧场。经过合理的功能计划，不让多余的体量瓜分视野。通透、串起大好风光的开放区域上，少有张扬醒目的质材及色彩，多是质朴感的木头、石材和铁件，还有刚柔并陈的家具风格，凝结出沉静无华的空间氛围。

恰如其分的搭配逻辑，将这些与周围环境呼应、与自然共鸣的休闲元素，不着痕迹地融于起居时光，一并梳理大空间的格局条理、松绑都市人的紧张情绪。而在不同景物、时段的流动变化中，也让居者的生活节奏与环境同步，返璞归真的生活，俯拾即是。

Collection

CONTEMPORARY HOTEL DESIGN

潜行极地 磐石坊

设计机构：创研　集设计有限公司　　项目面积：198 m²

设 计 师：游滨绮、蔡曜牟　　摄 影 师：郭家和

项目地址：台湾·新北　　主要材质：ICI 墙漆涂料、安哥拉珍珠石材、普罗旺斯壁纸

将简单的设计想象从概念转化为具体的规划、执行，光与温度、岩盘与阴影，四种元素语汇之间的千丝万缕共谱出异地风情，并发展感官视觉秩序间的可能性与环境场所相互共生共容，带领人探索那潜藏于内心的梦境。

设计师在空间布局上将客厅的面向与空间长轴做平行的对应，并开放出厨房及餐厅的尺度，让空间视野得到最大化的延伸，并用框架的方式框出主墙面效果，在框架内用材质与造型上的分割手法来区别空间功能。本案原有的玄关入口较长而窄，为了消弭此区先天的缺陷，设计师设计了过渡区的穿廊空间，并在端景处利用岩盘堆砌的方式制造出空间视觉的焦点，一方面让玄关独立围塑出场所的特殊性，另一方面又使空间功能增加出不同的变化性。依此原则去赋予各个空间的不同定义，让空间与空间相互穿透与开放，增加业主使用上的弹性及空间的丰富性。

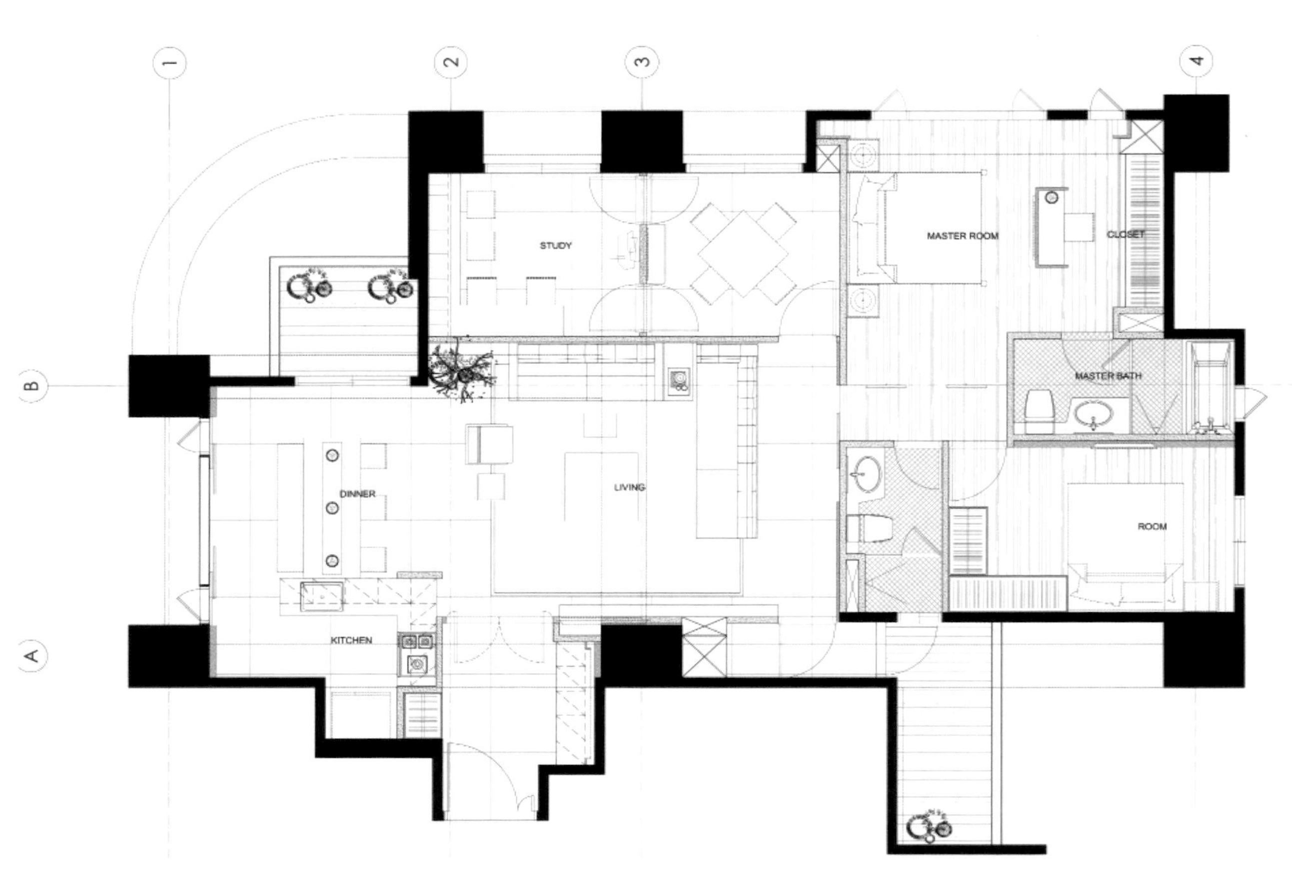

1
2
3
4
B
A
STUDY
MASTER ROOM
CLOSET
MASTER BATH
DINNER
LIVING
ROOM
KITCHEN

居悦

设计机构：大荷室内装修设计工程有限公司　　项目面积：303 m²

设 计 师：林希哲、李淑芬　　主要材质：黑蝶贝马赛克、大理石、金属、钢刷木皮等

项目地址：台湾·台北

在此案中，设计师将设计语言化整为零，运用大面积的自然材质，铺设出属于大宅的气度，例如玄关进入客厅及餐厅的大型框斗，客厅主墙的整面石材墙，只作出斜面光影变化，搭配两边相称的整面黑碟贝马赛克柜门板，设计精简、扼要，不做作、琐碎。在餐厅与厨房空间配置上以黑玻、铁件弹性分隔，搭配不锈钢精品灯具，并在空间视觉端点恰如其分、画龙点睛地配置装饰品，与空间相映而不突兀，每件精品优雅地伫立在属于自己的舞台上！

私密空间里，仍保有大宅的器度，床头的绷板柜门搭配左右白蝶贝马赛克柜门，延伸整体材质运用，保有橱柜的功能性与美观性，在床尾墙面则运用不规则线条凹凸处理，墙面有了纹理与表情，却不抢主墙的风采。主卧浴室采用女主人最喜爱的蛋形独立缸，通透的卫浴空间可以将每个空间属性分隔，悠闲而自在地享受卫浴空间！

三代同堂度假别墅

设计机构：大荷室内装修设计工程有限公司	项目面积：347 m^2
设 计 师：林希哲、李淑芬	摄 影 师：张晨晟
项目地址：台湾・新北	主要材质：大理石、深色木皮、钢刷木地板

本项目为独栋别墅，空间宽敞，配置了前后阳台、室内各种需求功能和独立卫浴设备，满足了家庭成员不同的需求。

本项目含地下空间一共有七层，室内以电梯贯穿垂直动线，方便年长者及小孩上下楼。以都市人来说，寻找三代或四代同堂的空间，此案是不错的选择。

室内风格走高级酒店风，材质与设计以现代感精致分区界定，精心挑选的家具及点缀饰品，走入空间内，宛如走入五星级酒店，让人置身于度假般的环境中。

泉州市海悦府
项目样板房C户型

设计机构：中南联合设计（深圳）有限公司　　项目面积：120 m^2

设 计 师：黄剑喜、周旭权　　摄 影 师：叶景新

项目地址：福建・泉州　　主要材质：波浪灰大理石、古堡灰大理石等

此项目位于海滨城市泉州市，楼盘毗邻泉州湾，面朝大海，步行 50 m 直达沙滩。无论是定位为度假还是居住环境，都是泉州地理位置最为优质的楼盘之一。室内空间四面为落地玻璃，能最大范围地观赏到自然海景，同时增加了人与环境的融合、交流。海悦府定位为滨海高品质国际社区，所以在室内设计上使用国际范新都市简约、奢华元素来打造样板房。色调方面以灰、黑调为主，这样突出了设计的主题，增加了空间的结构感，体现出了稳重、成熟的空间气质。在平面规划过程中，主卧与书房、衣帽间、阳台空间贯穿连通，这样更突显了观赏性。同时在细节方面做出了突破，使用了双层夹丝玻璃，中空、透光，装饰空间的同时又增加了辅助光源作用。秉承为业主创造更美好生活的理念，设计师呈现出一个新都市的文化休闲空间。

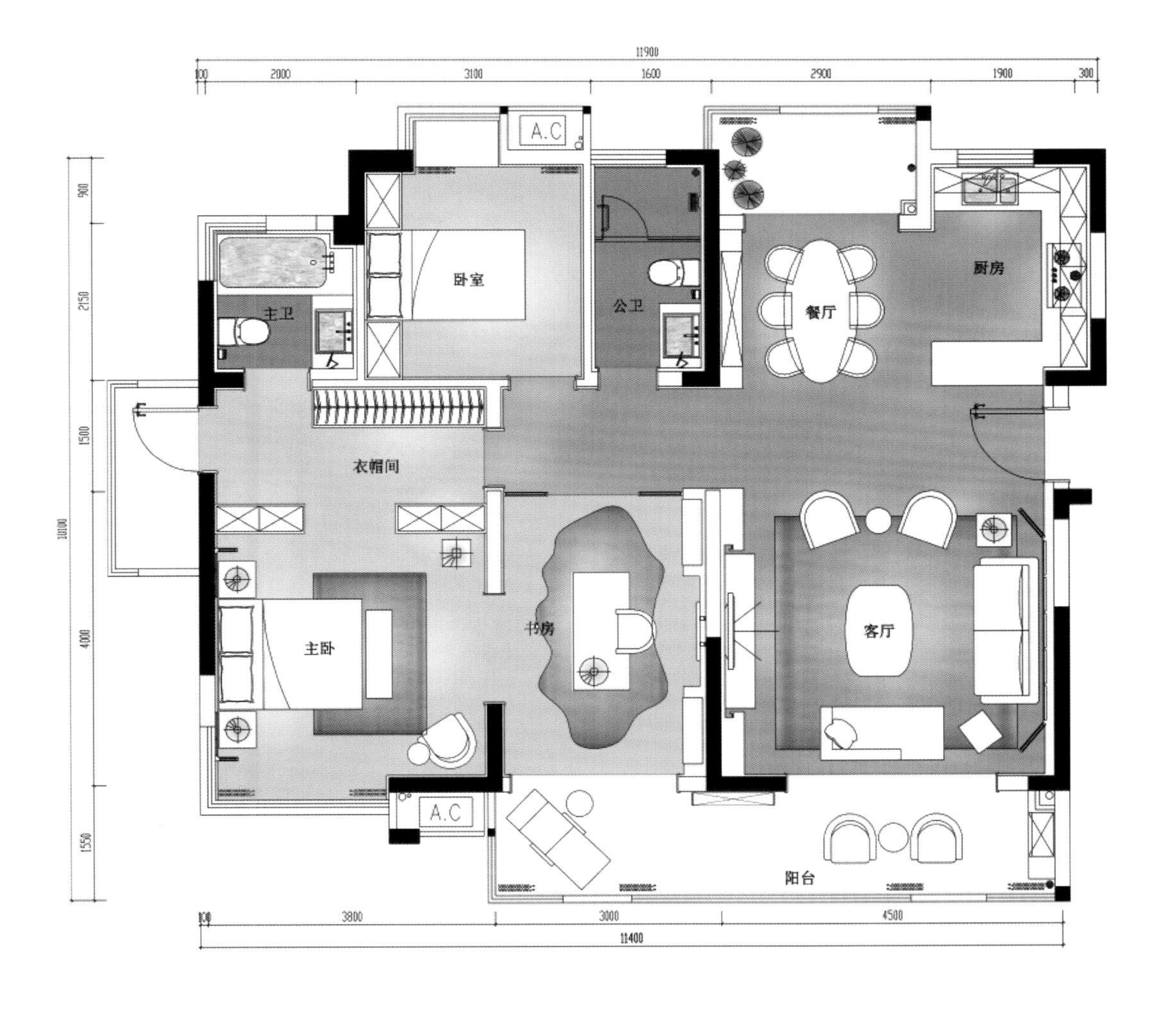

11900
100
2000
3100
1600
2900
1900
300
A.C
卧室
主卫
公卫
餐厅
厨房
衣帽间
书房
主卧
客厅
A.C
阳台
900
2150
1500
10100
4000
1550
100
3800
3000
4500
11400

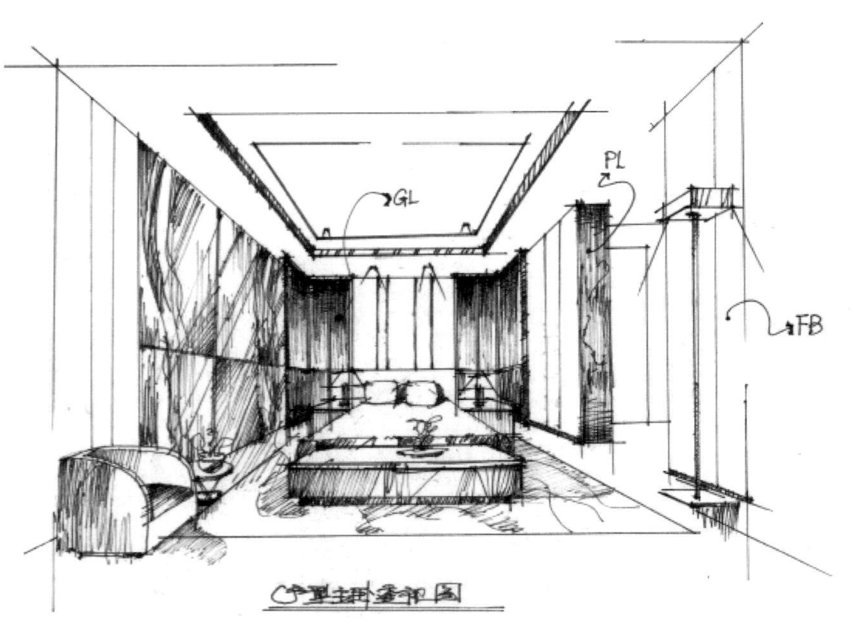

C户型主卧透视图

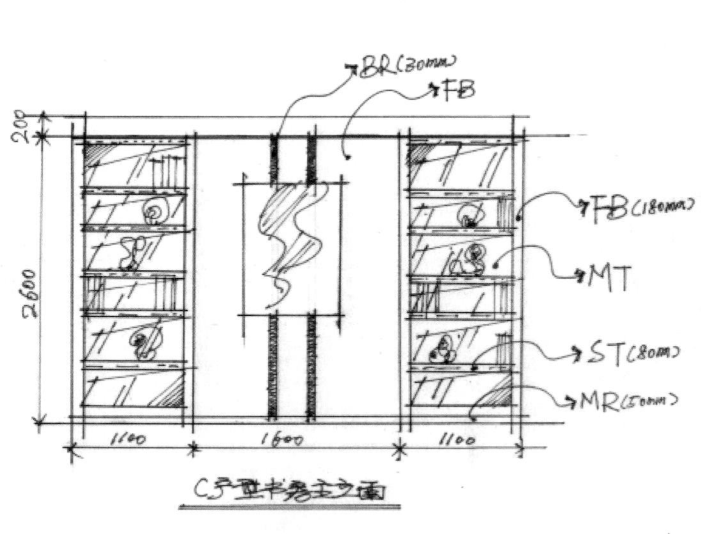

C户型书房主立面

ARCHITECTURE IN THE TWENTIETH CENTURY

ARCHITECTURE IN THE TWENTIETH CENTURY

东情雅奢

东方 简约 时尚 雅奢

Oriental Brief Fashion Luxurious

泉州市海悦府
项目样板房B户型

设计机构：	中南联合设计（深圳）有限公司	项目面积：	89 m^2
设 计 师：	黄剑喜、周旭权	摄 影 师：	叶景星
项目地址：	福建・泉州	主要材质：	蓝金砂大理石、古堡灰大理石等

在设计师拿到此户型平面图时，平面功能的利用有许多缺陷。比如客厅与客房的空间都比较局促，作为样板房其展示性不强，所以设计师在平面布局上打开了几个空间，又使两个空间串联、互通。这样增加了空间感与展示性的同时，又不失每个空间的独立性。如客厅与主卧使用了可移动的装饰屏风，客厅与书房使用了通透酒柜。

空间装饰设计的过程中，设计师以专业的角度设定整体风格，空间以原木色为主，运用现代设计手法处理细节，营造出温馨又精致的空间体验。家具选用了钢质材料体现现代感，与真皮沙发与实木搭配，增加了空间的舒适感。

设计理念上加入了当地渔民文化的山景、海景、渔网等，最终呈现出与当地民俗文化结合的现代化城市休闲风。

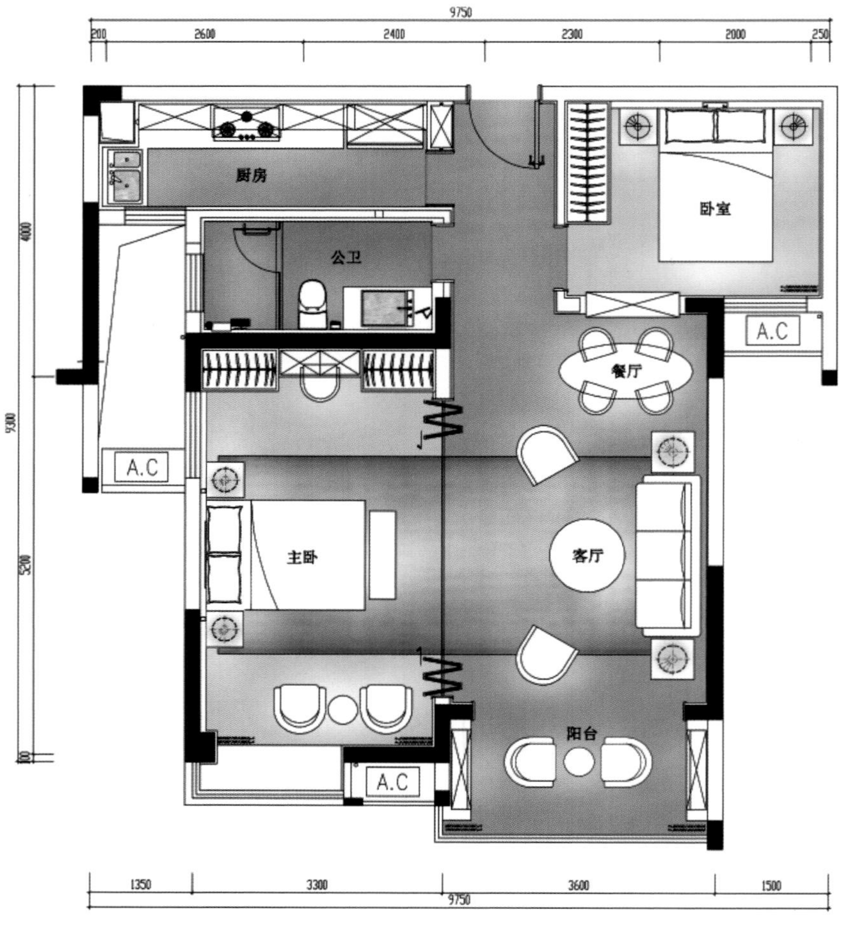

9750
200
2600
2400
2300
2000
250
厨房
公卫
卧室
A.C
餐厅
A.C
主卧
客厅
A.C
阳台
4000
9300
5200
100
1350
3300
3600
1500
9750

正荣润璟 204# 户型示范单位

设计机构：柏舍设计（柏舍励创专属机构）

项目地址：福建 · 莆田

项目面积：115 m^2

居住空间设计，折射出设计者或居住者的心性、眼界、气度和胸襟。一个空间最能打动居住者的，不是物件的堆砌，也不是奢华的格调，往往是合理的布局及空间所发生的动人故事。东方文化，一脉相承，时至今日，当下的新东方文化元素，比比皆是，而如何利用设计的手法将中式元素恰如其分地融入到作品中，一直都是设计师们不断探索的课题。福建莆田是一座有着历史文化悠久的海滨名城，也是著名的“侨乡”，素有“海滨邹鲁”之美誉。其独特的地理环境与生活氛围，让中式情愫在这里得到充分的酝酿，生活便是天然的催化剂，让人体会到独属于莆田的悠闲情调。

在这个项目的设计中，设计师抽取山纹元素，结合客厅的装饰画，与地毯行云流水般的花纹遥相呼应，传达一种宁静致远、悠然自得的生活方式。温书品茶，挥毫著诗。古往今来，茶艺都深得文人雅士的喜爱，作为诠释东方文化的重要媒介，精致的茶具及摆设颇有几分讲究。设计师将粗犷的木段移居室内，两边书架上的典籍透露着几分儒雅的气息，淡茶几盏，静思冥想。

而主人房的设计，除了将山水的意境延伸进来以外，还结合现代手法，用组合型的挂饰打破空间的规整，希望用这种方式来打造一个让人感觉舒适的心灵港湾。

在中式风格的革新与延续的路上，一次平凡的升华便是进步，而这小小的进步，正是锲而不舍坚定创新的动力之一。

周易全书

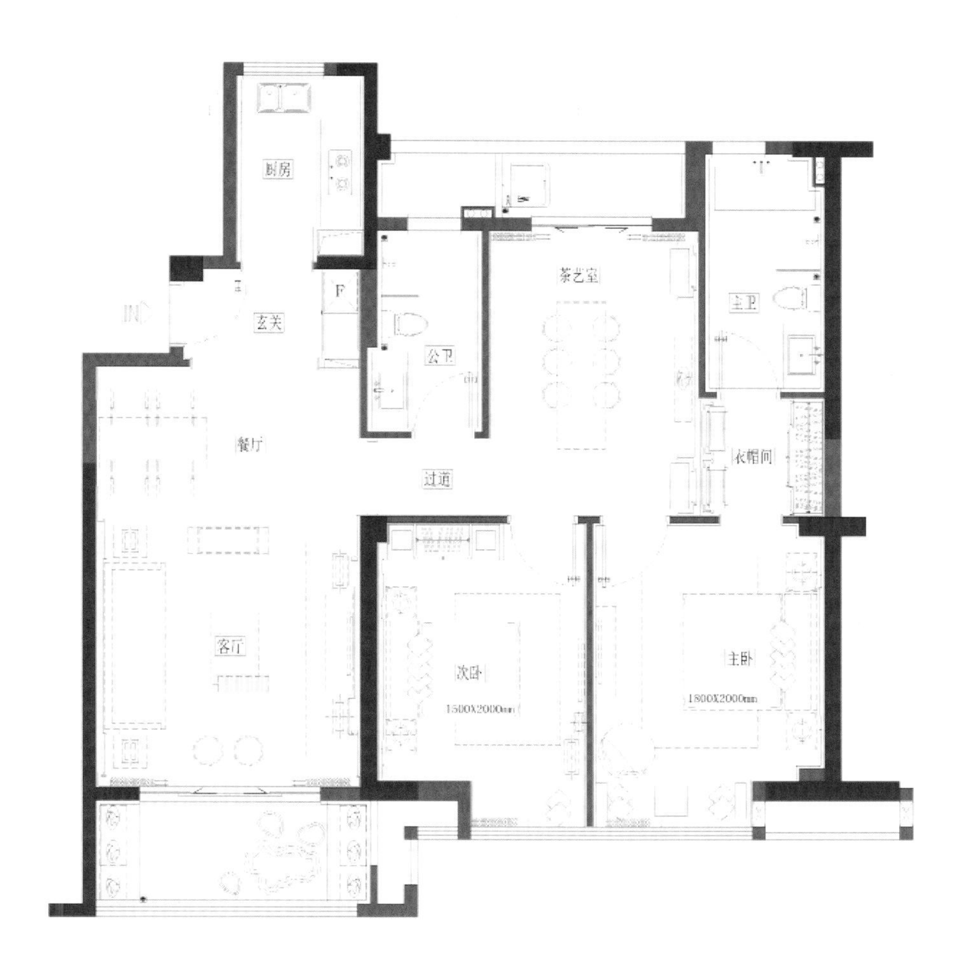
厨房
玄关
公卫
茶艺室
主卫
餐厅
过道
衣帽间
客厅
次卧
1500X2000mm
主卧
1800X2000mm

中德英伦联邦
B区24#楼01户型示范单位

设计机构：柏舍设计（柏舍励创专属机构）

主要材质：大理石、实木、墙纸、蚀花玻璃等

项目地址：四川·成都

项目面积：180 m²

中国风并非完全意义上的复古，而是通过中式风格的精髓去传承和融合，借以表达对清雅含蓄、端庄丰华的东方式精神境界的向往和追求。在本项目中，业主拟为向往东方情怀的成熟家庭。带着这份情怀，设计师将中式元素与现代材质巧妙糅合，以独特的艺术表现手法呈现出来，再现了移步换景的精妙小品。

空间用简练的分割方式将传统东方元素分解并重组，通过流水的纹理传达东方文化的源远流长，设计师将客厅主幅与餐厅的背景墙巧妙贯通，塑以鲤鱼、荷叶、小桥的形态，三三两两，悠闲自如。空间整体以素雅的米色墙纸及软硬包作为主要材料，借助木饰面传承悠久的文化符号，进而通过软装配搭释放出东方韵味，表现业主对高品质生活的追求，诠释现代东方文化气息。

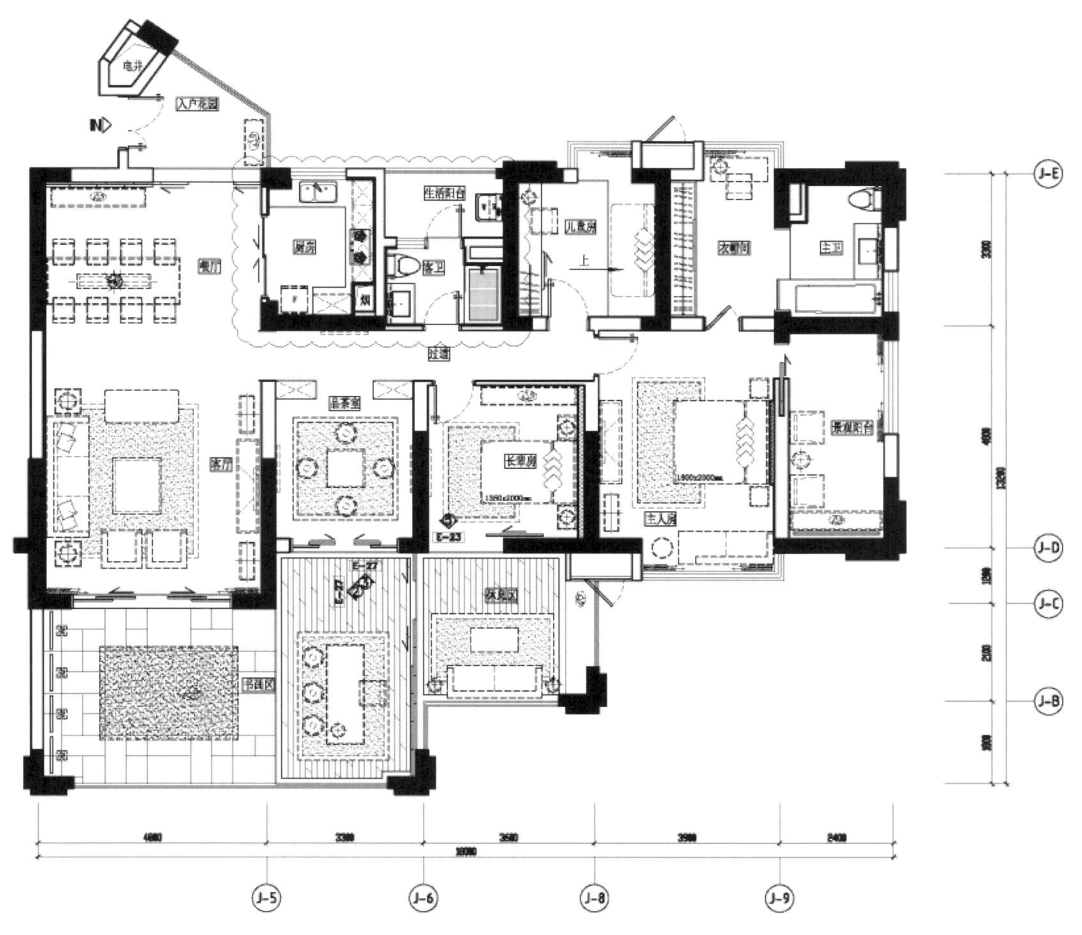

电井
入户花园
IN
生活阳台
厨房
餐厅
客卫
儿童房
上
衣帽间
主卫
过道
品茶室
长辈房
主人房
景观阳台
客厅
书画区
E-23
E-27
4800
3300
3600
3900
2400
18000
J-5
J-6
J-8
J-9
J-E
J-D
J-C
J-B

东方精神 山湖雅苑

设计机构：森境设计
设 计 师：王俊宏
设计团队：周怡君、曹士卿、陈睿达、林俪、黄运祥
项目地址：广东·江门
项目面积：496 m²
主要材质：铁件、喷漆、超耐磨地板等

颠覆传统东方精神，摒除华丽的颜色或繁复的语汇，改以印章式的图形概念，进而引申成为家徽。透过材质、比例、功能、动线的关系，让本案延续成为现代东方的风格空间。

全案使用自然、单纯的材料营造生活的温度，衍生空间的本质，印章式图形概念也应用在门把手、界面喷砂和餐桌结构上，横向连贯出特有的现代与东方融合，荟萃的质感和底蕴，共同围塑安逸的氛围，忠实呈现出生活的个性足迹。公共区域利用钢琴区四面通透、移动式界面的设定，搭配喷砂图形，随着轻轻投射的光影，优雅地阐述生活的无限美好。

湖岸静居—汐止尔湾

设计机构：森境设计	项目面积：165 m^2
主设计师：王俊宏	摄 影 师：KPS 游宏祥
项目地址：台湾·新北	主要材质：大理石、赛丽石、钢刷木皮

喜欢沉静自然空间氛围的业主，买下这间位于新北市金龙湖畔拥有绝佳的自然景观的高层楼住宅，希望透过设计师的专业设计，让空间优势得到充分发挥。

为保留最佳采光和视野，客厅家具配置均选择低背设计，现代风格的米白色沙发，搭配中式圈椅及相同风格的圆形茶几和圆形地毯，营造出圆融的视觉效果。自玄关串连至客厅沙发上方双弧线造型天花板，中间以木隔屏创造端景并起到区隔空间的作用。客厅和书房间以圆弧倒角设计的电视墙，再度呼应“圆”的设计概念，让廊道空间设计更符合行走时的习惯。

自客厅延续至餐厅区的另一弧形天花板造型，不仅具有动线引导的作用，同时也修饰了结构梁，并且将冷气、管线隐藏起来，在实用之外，兼具美感效果。

空间格局最大的变动，在于主卧卫浴挪移后，放大卧室与主浴的尺度。另一格局微调，则是拆除书房制式门扇，让尺度放大，改为拉门，于是当门扇敞开时，让光线引入廊道以及餐厅区，即使坐在餐厅，也能欣赏湖岸景观。

以现代风格的美感风格空间设计，搭配具人文内敛精神的中式家具，为这间湖岸住宅，在现代语汇中，注入深厚文化底蕴，使其呈现出沉静、安定的人文特质。

谧居 金众·云山栖别墅样板房

设计机构：HCD 柏年设计　　项目面积：500 m²

设 计 师：伍钟勇、高洁梅　　主要材质：土耳其银灰洞大理石、欧亚木纹大理石、木地板

项目地址：广东·深圳

本案采用现代的设计语言来表达东方的意境。隐去传统中式繁复沉重的设计表现手法，用减法来表达东方元素。简洁的栏栅屏风，由竹的形态延伸而至，减去具象的造型形式，点到即止。客厅与餐厅高低错落，即明确了空间界限，也体现东方意境疏浅高低的空间布局。人物动线清晰简单，无多余的拐弯抹角，围绕简居简行的中心，是现代人居环境一种新的尝试。

在此空间，沙发和茶几边柜都是按照对称轴线摆放，软装饰物品、家具和艺术品都充满东方韵味。茶几上的梅花，形态优美，透着几许“清”和“疏”，清丽舒朗而自然。娱乐室、沙发抱枕上、卧室抱枕上也可见其身姿，使整体空间和谐统一。同时，也体现此空间主人清雅脱俗的品位。

卧室床后的木架子就是屏风的演变，删繁就简，符合现代人的简洁观念。木架和床的结合如此自然好像它们本来就应该在一起。床头的那幅画显现主人淡泊明志般的心境。淡雅的背景中跳跃着明丽的色彩，优雅中透着几许活力。夹杂在书香中的是淡淡的梅香，浅疏斜影中，透露出主人怡然自得的心境。

此空间陈列架以及柜子，茶几的形状采用矩形的形状，与天花板的线条相统一，具有细腻的线条感。灯具与边几的圆形柔和了此空间的矩形线条。墙上挂画中的仕女服与天然木制桌面上的插花相映成趣味。花与禅，总有一种不解之缘，与花相伴，品性怡然，禅意油然而生。

品茗雅致 风雅韵茶香・新东方印象

设计机构：创研　集设计有限公司　　项目面积：198 m^2

设 计 师：游滨绮、蔡曜牟　　摄 影 师：郭家和

项目地址：台湾・新北　　主要材质：实木皮、钛金属、天然大理石等

中国茶道讲究修身养性，追求自我之道，本空间的本质上也吻合茶道的精神内涵，纯净、清寂、怡和。透过空间自明性，居住者凭借着“五感一心”，去贴近它，理解它，人与场所的对话，经由心灵的感受，延续铺陈，升华与启发，如同儒家的中和思想，达成人与空间的和谐、平和。

第二阶段的人生，本就该以悠闲、优质的生活内容作为开场。设计师考量到居住成员仅夫妻二人，融合高科技的智能环控与 KTV 音响设备，完成合身且人性化的功能配置，风格设定上则调和日式禅风的闲逸和中式文明的古雅，致力演绎新东方美学。

一进门的玄关区域相当开阔，跳脱刻意分割或制式高柜的思考，在平面规划上，善用佛堂隔间，打造隐藏式的衣帽间，并将大门到餐厅格栅间的开放区域规划为品茶区。

以温润、朴雅的自然木质，包覆跨越横梁两端的天花板，以衔接靠墙的大型精品柜，完成特定区域的串连。这座工艺精湛的功能柜体，堪称整个公共区域相当吸引眼球的亮点之一，主体延续木头特有的沉稳，外观与内部格架穿插洗练铁件分割，以增加现代感，内建灯光，烘托出造型的力与美。

風林纖月落衣露淨

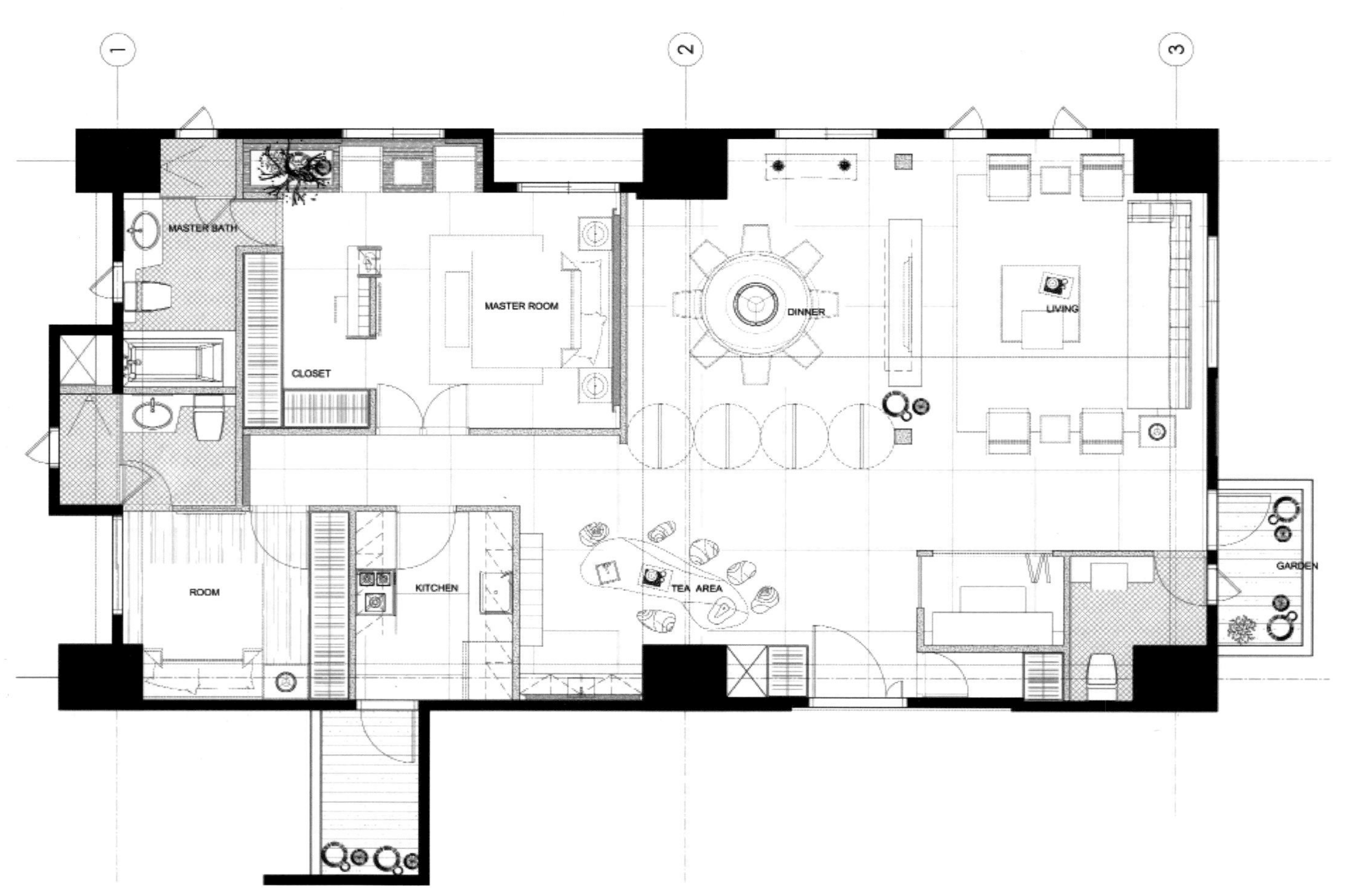

1
2
3
MASTER BATH
MASTER ROOM
CLOSET
DINNER
LIVING
ROOM
KITCHEN
TEA AREA
GARDEN

诺德·丽湖半岛
一期 E2 别墅—新黎族风情

设计机构：深圳市墨客环境艺术设计有限公司
陈设设计：莫艳萍、陈婉、李芳芳
主设计师：王勤俭
项目地址：海南
设计团队：王浩、杨远望、邵恒
项目面积：室内 143.7 m^2 花园 361 m^2

文化是一种品质的历史传承，带有鲜明的地域色彩。在现代室内设计中，地域文化的应用已成为了一种趋势，成为了设计者追逐的焦点，独具特色的地域文化使得设计作品具备更加深刻的内涵。本案以海南黎族地域文化为设计灵感，因地制宜，就地取材，使用如椰壳马赛克、黎布、树枝编制成的天花板、原木，藤条等材质，将黎族传统地域性文化图案运用到灯具的设计中，具有地域风格的落地灯、台灯、顶灯、黎族原有的木雕，造型憨态可掬，栩栩如生，也是本案的点睛之笔，展现了黎族人们对生活的质朴和热爱。在设计过程中，既注重实用与审美，同时也注重地域文化。强调地方特色和民俗风格的设计倾向，强化乡土风味和民族风。

诺德·丽湖半岛

一期 B1 别墅—新东方禅宗

设计机构：深圳市墨客环境艺术设计有限公司　　陈设设计：莫艳萍、陈婉、李芳芳

主设计师：王勤俭　　项目地址：海南

设计团队：杨远望、王浩、张盼　　主要材质：莎士比亚白石材、白玉石等

在西风东渐多年之后，东方风潮犹如一股清流悄悄地注入了人们的居家风格中，而东方特有的质朴、内敛的历史文化及神秘的风俗文化更是受到全世界人们的喜爱，东方禅宗风潮渐渐成为室内设计不可或缺的居家元素。

本案整体风格力求营造单纯、宁静的安定感，运用极简、内敛的元素，体现朴实无华的自然主义，营造“一切尽在不言中”的静谧特质。

选材多取自然材质，并尽量保持材质的自然原貌。如文化石、贝壳马赛克、天然柚木饰面及大理石等，通过简洁的水平、垂直线条的大量运用，加强了空间的安定感。顶棚、地面、墙面装潢多以深色木材强化收边效果，舍弃炫耀式的装饰元素，强调简单即是美。在色彩的运用上，化张扬为低调的深棕色，让每日烦躁的现代人内心格外平静。

东方禅宗受到现代人的崇尚与喜爱，正是反映了现代人对速食、忙碌、盲目、浮夸都市生活的深刻反省，人们开始意识到唯有沉淀的、宁静的、返璞归真的生活形态，才称得上是真正有质感、有内涵的生活。

云水禅心 保利江门
7#4 楼西侧楼王

设计机构：	广州道胜设计有限公司	项目地址：	广东・江门
主设计师：	何永明	项目面积：	194 m^2
设计团队：	道胜设计团队	主要材质：	大理石、不锈钢、墙纸、木饰面

东方元素在设计中，往往显得高贵而典雅，在优雅的浅黄色调中，加入潺潺的绿意，以回归于内心宁静、清雅的世界。

禅意浓浓、心境清清，高山流水、一壶清茶，空间中以“山水”“水墨”来贯穿整个空间。

入口玄关处天然大理石的运用，就像点缀空间的一幅山水抽象画，灵动而自在。搭配质朴、线条优美的装饰架，一切看起来都是那么不经意。天然去雕琢，仿佛置身于桃园幽地，一颗心也被浸润得宁静。

客厅半开放式的屏风隔断营造了通风顺畅的量体区间，拨动了空间气氛的韵律。豪华的灯具、精致的家具，在设计上强调高雅的韵味。花艺、松树、琴棋书画的古典东方陈设铺设出鲜活的能量，渗透空间每个角落，将中国元素运用到极致。

细观主卧，将客厅色彩延续其中，散发出中式儒雅的气质。其不仅仅是流于表面的艺术形式，感官刺激也激发了精神层面，进而产生共鸣。

一席亮光透过薄纱之后的父母房，无需过多饰品矫揉造作的修饰。几榻有度、器具有式，沉寂的暗红色既张扬又含蓄。

把唯美与精致、自然与恬静、优雅和儒雅演绎得淋漓尽致，指尖触及的每个角落都能领略到居者的文化感、贵气感、自在感与情调感。

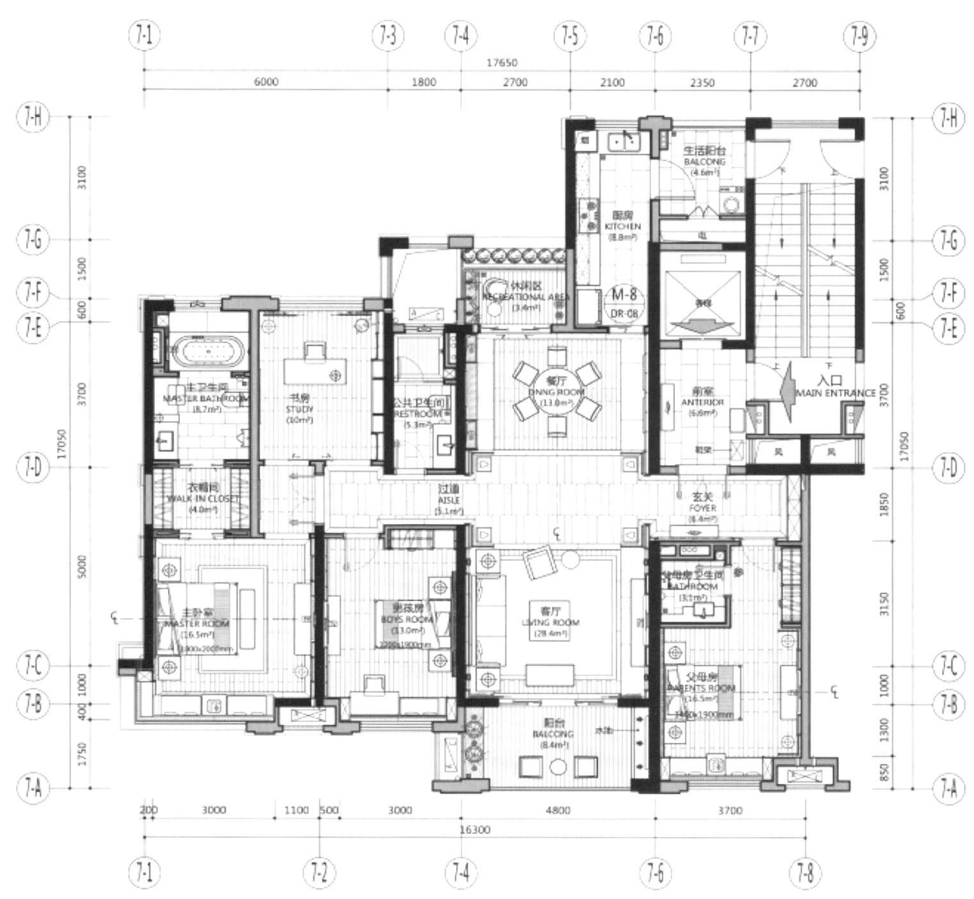

生活阳台
BALCONG
(4.6m²)
厨房
KITCHEN
(8.8m²)
休闲区
RECREATIONAL AREA
(3.4m²)
M-8
DR-08
入口
MAIN ENTRANCE
主卫生间
MASTER BATHROOM
(8.7m²)
书房
STUDY
(10m²)
公共卫生间
RESTROOM
(5.3m²)
餐厅
DINING ROOM
(13.0m²)
前室
ANTERIOR
(6.6m²)
衣帽间
WALK-IN CLOSET
(4.0m²)
过道
AISLE
(5.1m²)
玄关
FOYER
主卧室
MASTER ROOM
(16.5m²)
男孩房
BOYS ROOM
(13.0m²)
客厅
LIVING ROOM
(28.4m²)
BATHROOM
父母房
PARENTS ROOM
(16.5m²)
阳台
BALCONG
(8.4m²)
17650
6000
1800
2700
2100
2350
2700
3100
1500
600
3700
17050
1850
5000
3150
1000
400
1300
1750
850
200
3000
1100
500
3000
4800
3700
16300

金华保集湖海塘中式风格样板房

设计机构：上海集百室内设计工程有限公司　　项目地址：浙江・金华

软装设计：上海瑞云艺术设计有限公司　　项目面积：170 m^2

设 计 师：华蕊、卢丹、卢翠　　主要材质：石材、白色钢琴漆

新中式是中国传统风格文化在当前时代背景下的新演绎，中国风并非完全意义上的复古明清，而是通过中式风格的特征，表达对清雅含蓄、端庄风华的东方式精神境界的追求。

本案总面积 170 m^2，是一个五口之家的住宅，父母都是退休教授，享受晚年的幸福生活。男主人是一位中医，45 岁，注重养生，一直追求"静・逸"的生活方式，平时喜欢写书法、品茶。女主人 42 岁，是一位营养师，与丈夫有着同样的生活态度，将家居环境打造出禅意之感。18 岁的女儿刚刚出国，梦想成为服装设计师，将中式的旗袍设计得更加国际化。

色彩分析：整体风格淡雅清新，以深色家具为主。将中式元素的红色融入其中，搭配青瓷的蓝色以及黄色作为点缀。让传统艺术在当今社会得到合适的体现。

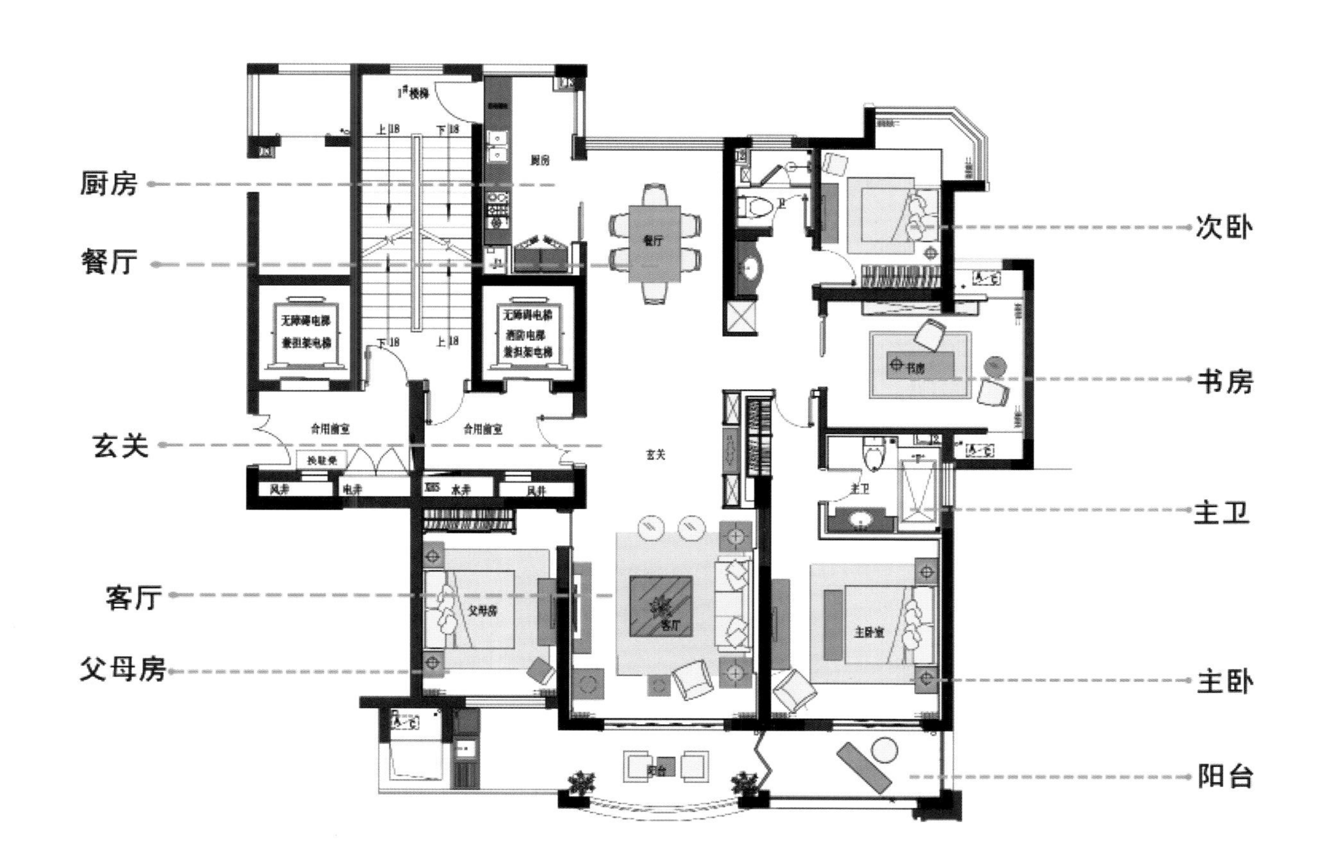
厨房
餐厅
玄关
客厅
父母房
次卧
书房
主卫
主卧
阳台

昆山御墅临峰

设计机构：威利斯设计　　项目面积：320 m²

软装设计：微诗软装设计　　主要材质：黑檀木饰面板、墙砖、大理石

项目地址：江苏·昆山

本案是位于昆山的一套联排别墅，设计前设计师和客户进行了几次沟通，设计师相信合理的空间规划，必须正确深刻地认识居住者的生活习惯和审美，同时每定义一套房子的风格，都要深刻地了解此风格的文化内涵、人文还有地域性。在本案中，设计师在现代风格中融入中式元素，又将中式元素用现代手法表现出来，打破传统中式的束缚，让人想到人与自然的和谐生活状态。

古典与现代并存

在客厅的设计上，设计师在电视背景中融入了一幅荷花图的元素，荷花“出淤泥而不染，濯清涟而不妖”，设计师喜欢它的清新、淡雅，也很适合本案的意境，同时在沙发背景墙的造型中加入了绿色荷叶的装饰，前后呼应，相得益彰。

中式元素在整个空间中随处可见，顶棚上的镂空雕刻板、客厅门套的造型、主卧的电视背景墙，无一不在彰显中式情怀。

VALENCASA
VALENCASA

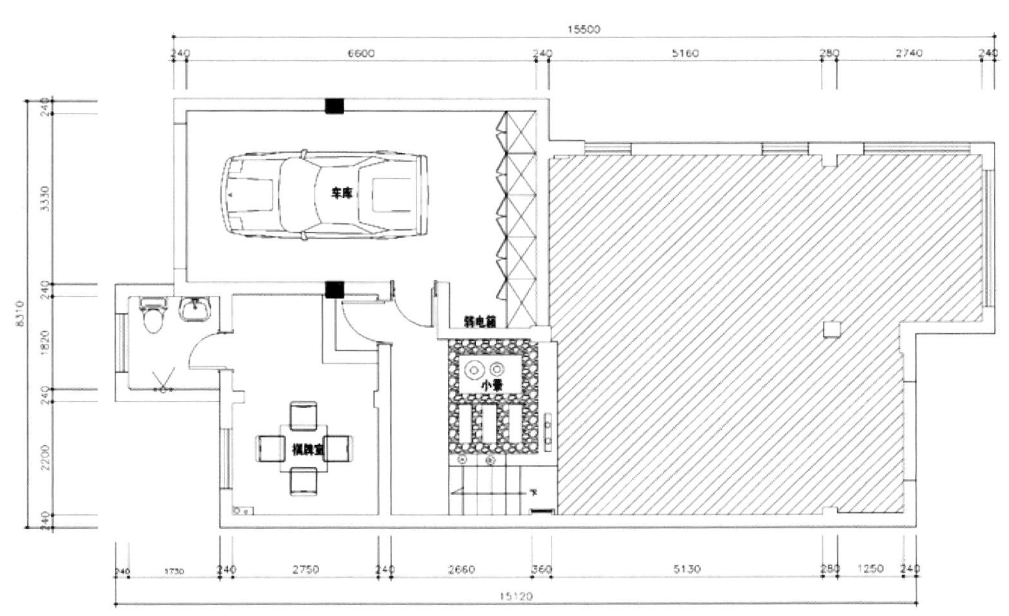

平面布置图(地下室)

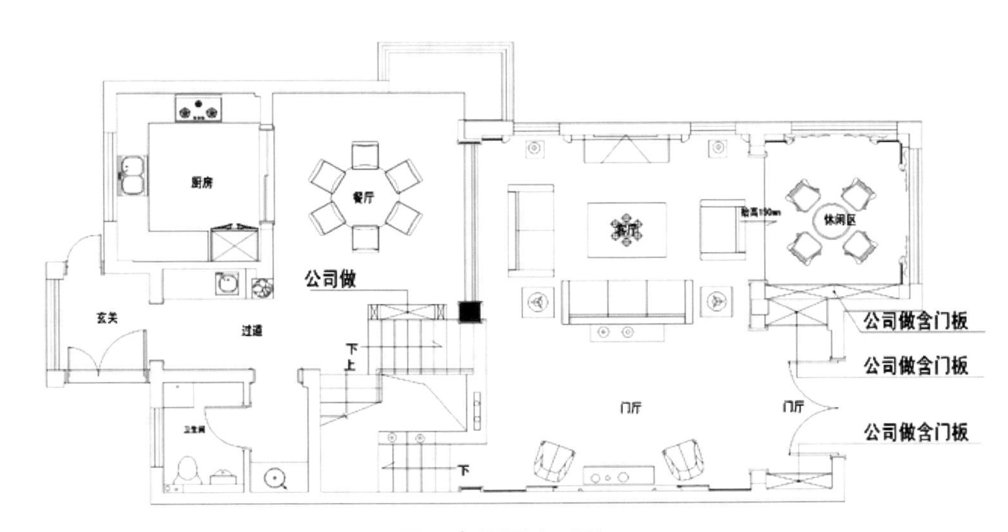

平面布置图(一层)

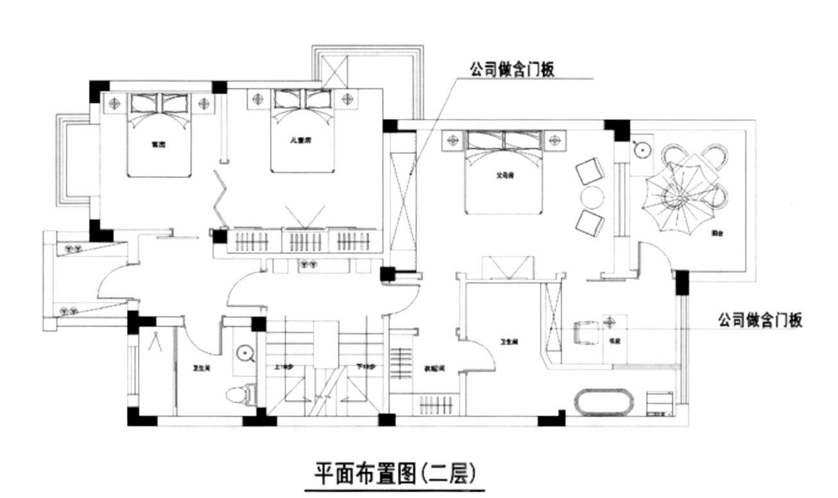

平面布置图(二层)

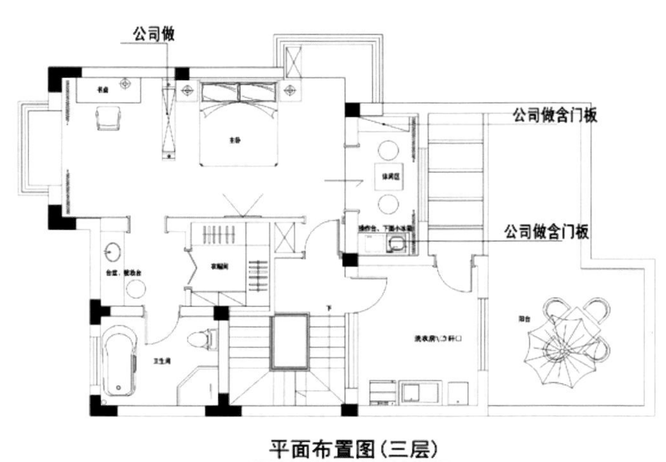

平面布置图(三层)

上实和墅

设计机构：上海鼎族室内装饰设计有限公司　　项目面积：550 m²

设 计 师：吴军宏　　摄 影 师：上海三像摄文化传播有限公司 张静

项目地址：上海

视线进入本案，我们不难发现，陶瓷的花瓶和茶具、文房四宝、国画、书籍、几案、书桌、官帽椅、有着宁式百工床风格的卧榻等，共同构成了本案有机的中式元素组合体系。而与此同时，即使从一个非专业的视角，人们仍然能够发现在室内设计中对木饰面的大量运用，但是这些木饰面并没有刻意营造一种西式宫廷的奢华，而是和明式家具一起构成了传统中式风情的格调。

确实，明式家具五美中的木材美、装饰美、造型美和结构美在本案有充分的体现，而超越这些具象内容，更能体现本案抽象意蕴的提炼。

我们可以设想，在茶香浓郁的茶室悠然品茗的是独具慧眼的业主，在书香飘扬的书房日读经书史书的也是这样的业主，而在花气袭人的卧室安然入梦的更是这样的业主。宋人在《武夷精舍记》里写道：“面势幽清，奇石佳林，拱揖映带。使弟子辈具畚锸，集瓦竹，相率成之。元晦躬画其处，中以为堂，旁以为斋，高以为亭，密以为室。讲书肄业，琴歌酒赋，莫不在是。”在中式的传统中，居室从来不单单是纯粹的硬件，而是可以在其中“讲书肄业，琴歌酒赋”的心灵皈依之所。

我们更可以设想，一个拥有这样规格环保独墅的业主必然是一个商界菁英，财富人生绝非幸致，商场鏖战应该是他的日常，那么回到居所，其所在意必然是家作为人生驿站充电休憩的功能，而本案营造出的这一心灵皈依之所必然会成为其实现这一功能的最佳所在。

西游记
三国演义
水浒传
HOME

西韵极妍

欧美 流行 时尚 奢华

Euro-American Popular Fashion Luxurious

城市山谷别墅样板房

设计机构：	广州共生形态设计集团	项目地址：	广东·东莞
设 计 师：	彭征	项目面积：	320 m^2
设计团队：	彭征、陈泳夏、李永华	主要材质：	大理石、实木地板、烤漆板等

作为日益稀缺的别墅住宅资源，本案是针对莞深目标客户打造的小户型联排别墅，项目位于东莞与深圳交界的清溪镇。清溪拥有得天独厚的山水资源，是一个鲜花盛开的地方。设计师以"阳光下的慢生活"为主题，希望将项目的地理位置、建筑户型等优点通过样板房淋漓展现。

一层的起居空间充分沐浴着明媚的阳光，室内外的空间通过生活场景的设置交互，尤其是室内向室外扩建的阳光房，成为传统功能的客厅与餐厅之间个性化起居生活的重要场所。

设计师摒弃客厅上空复式挑空的传统手法，使二楼的使用空间最大化。

顶层的主卧不仅设有独立衣帽间、迷你水吧台，还拥有能享受日光的屋顶平台与按摩浴缸。

厌倦了都市的繁华与喧嚣后，需要一份简单与宁静。设计摒弃了复杂的装饰、夸张的尺度以及艳丽的色彩，沉淀出宜人的尺度、明快的色调及材质典雅的质感和空间中能容纳想象与可能性的"留白"。在城市山谷的午后时光，风夹带着阳光和泥土的芬芳扑面而来……

UNIVERSAL STUDIOS

重庆茶园法式别墅

设计机构：矩阵纵横设计　　项目面积：383 m^2

设计团队：王冠、刘建辉、王兆宝　　主要材质：白色手扫漆、艺术墙布等

项目地址：重庆

重庆茶园法式别墅在布局上突出了轴线的对称，力求营造恢宏的气势和豪华舒适的居住空间，使空间高贵典雅。细节处理上运用了法式廊柱、雕花、线条且制作工艺精细考究。法式风格讲究点缀在自然中，艺术墙布、玉芙蓉大理石、玫瑰金不锈钢的运用使色彩与内在产生了联系，设计师追求的不是简简单单的协调而是冲突之美。在设计上讲求心灵的自然回归感，给人一种扑面而来的浓郁气息，开放式的空间结构、随处可见的花卉和绿色植物、雕刻精细的家具……所有的一切从整体上营造出一种田园之气，在任何一个角落，都能体会到主人悠然自得的生活和阳光般明媚的心境。

凤凰湾

设计机构：重庆物集装饰设计有限公司

设 计 师：郑宏飞

木包裹的家

这套住宅没有奢华繁杂的造型，没有十分特别的材料，只是想让空间变得更加舒适和温暖、生活更加自由朴实。设计师在设计中运用了大量的木材和涂料，力求呈现空间本来的色泽和温度。

常州路径 Y1 样板房

设计机构：矩阵纵横设计　　项目面积：355 m²

主设计师：王冠、刘建辉、于鹏杰　　主要材质：灰木纹大理石、灰橡木、印花皮等

项目地址：江苏・常州

整个设计在延用古典欧式的传统基础上，摒弃繁复语汇，使其不失简约、高贵、时尚。同时，将整个空间布局进行分割处理，使空间自然流畅、井然有序，并彰显出高贵与奢华的气质。在风格设定上，营造出浓郁的欧洲风格。细节的设计充分尊重自然，拥抱健康，低调中浸出欧洲的浪漫主义风情。因此，在设计上不但要考虑建筑内外的结合，更要着重考虑彰显项目本身的高贵品质。整体暖灰色空间搭配色彩跳跃的软装元素，打破传统格调，赋予了整个空间时尚感，营造出迷人的、充满艺术气质的氛围。

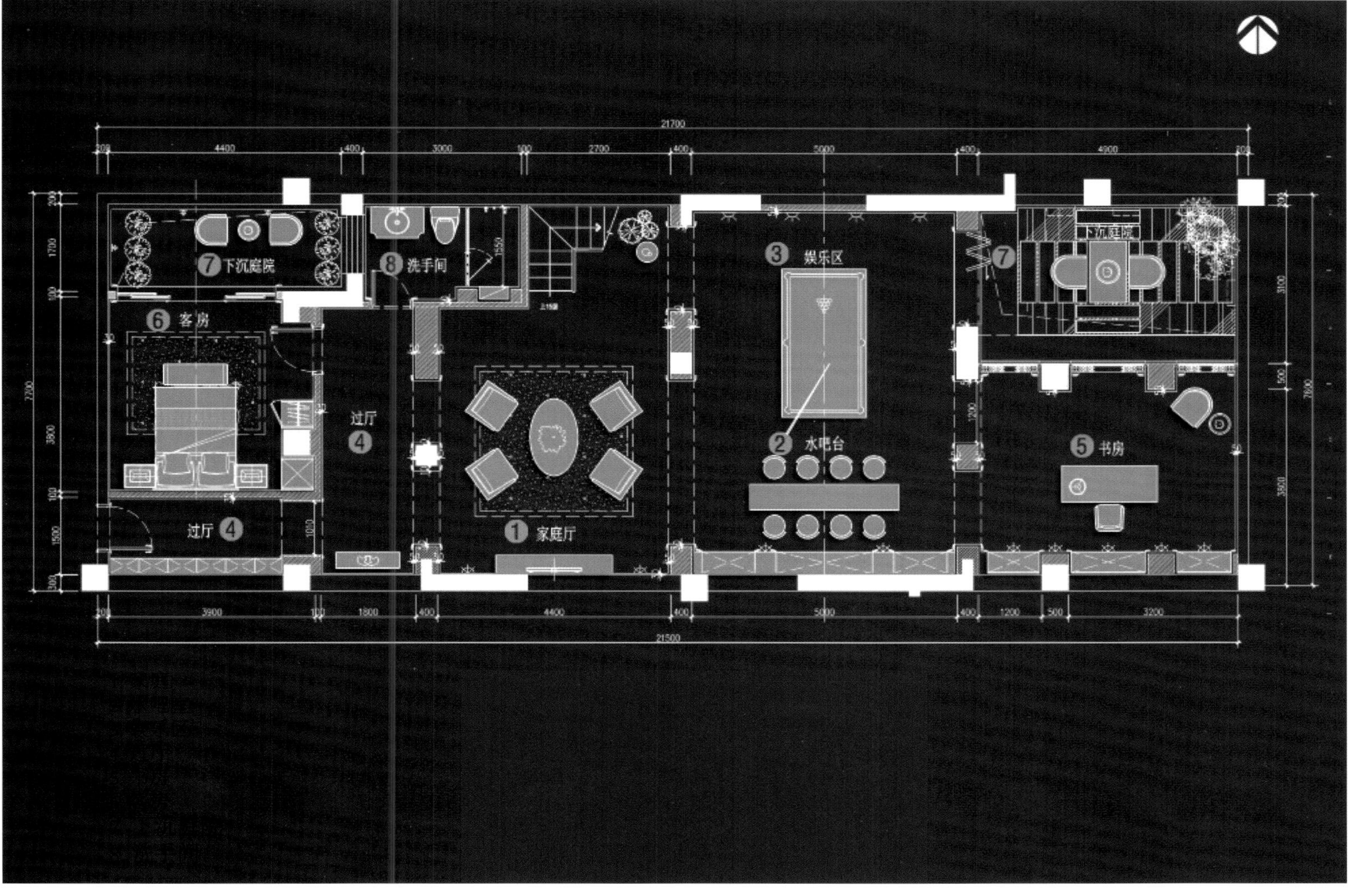

下沉庭院
洗手间
娱乐区
客房
过厅
水吧台
书房
家庭厅

D
D
CHIVAS REGAL

PROSPETTO DELLA BASILICA VATICANA

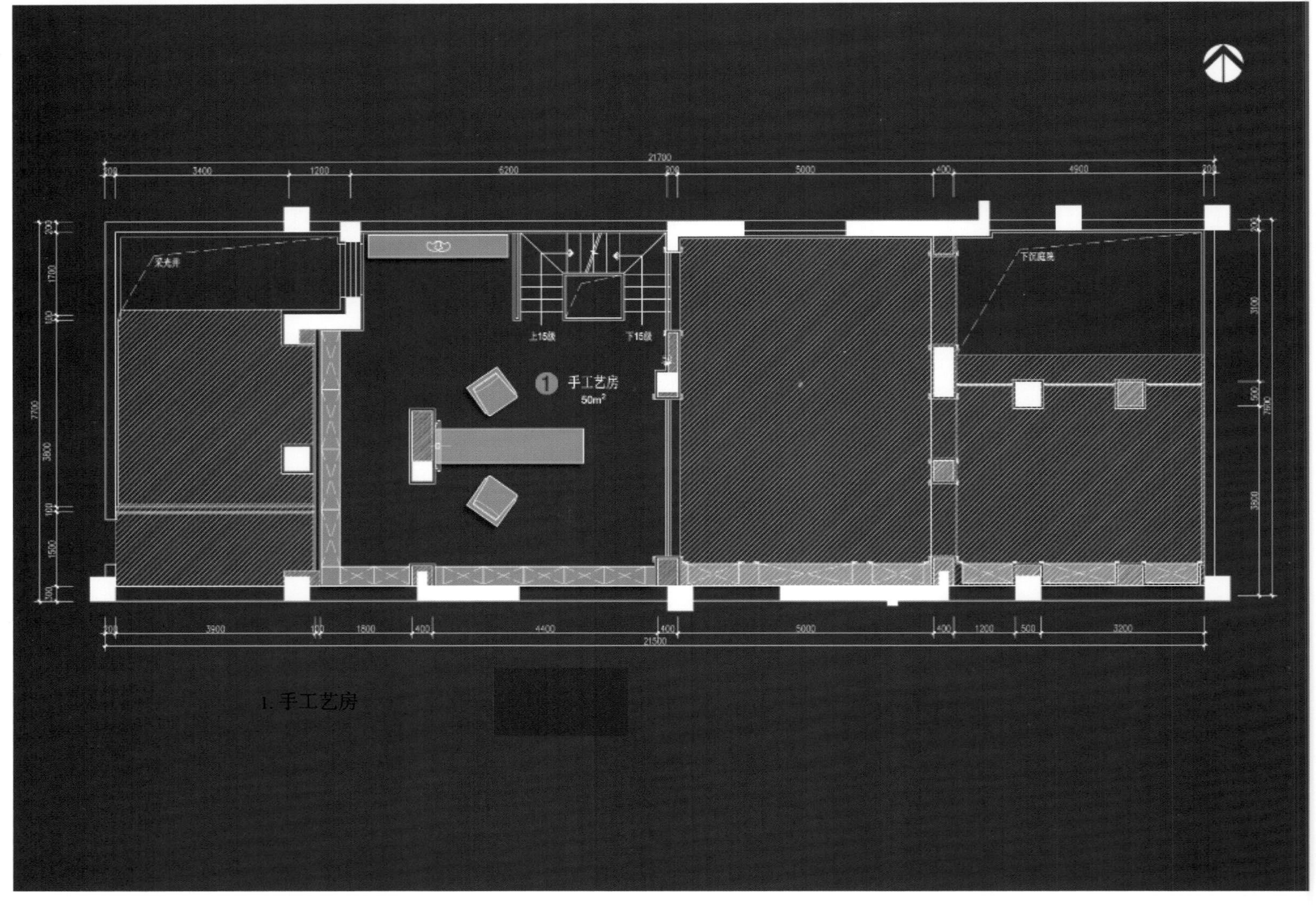

21700
3400
1200
6200
5000
4900
手工艺房
50m²
上15级
下15级
3900
1800
4400
5000
1200
3200
21500

1. 手工艺房

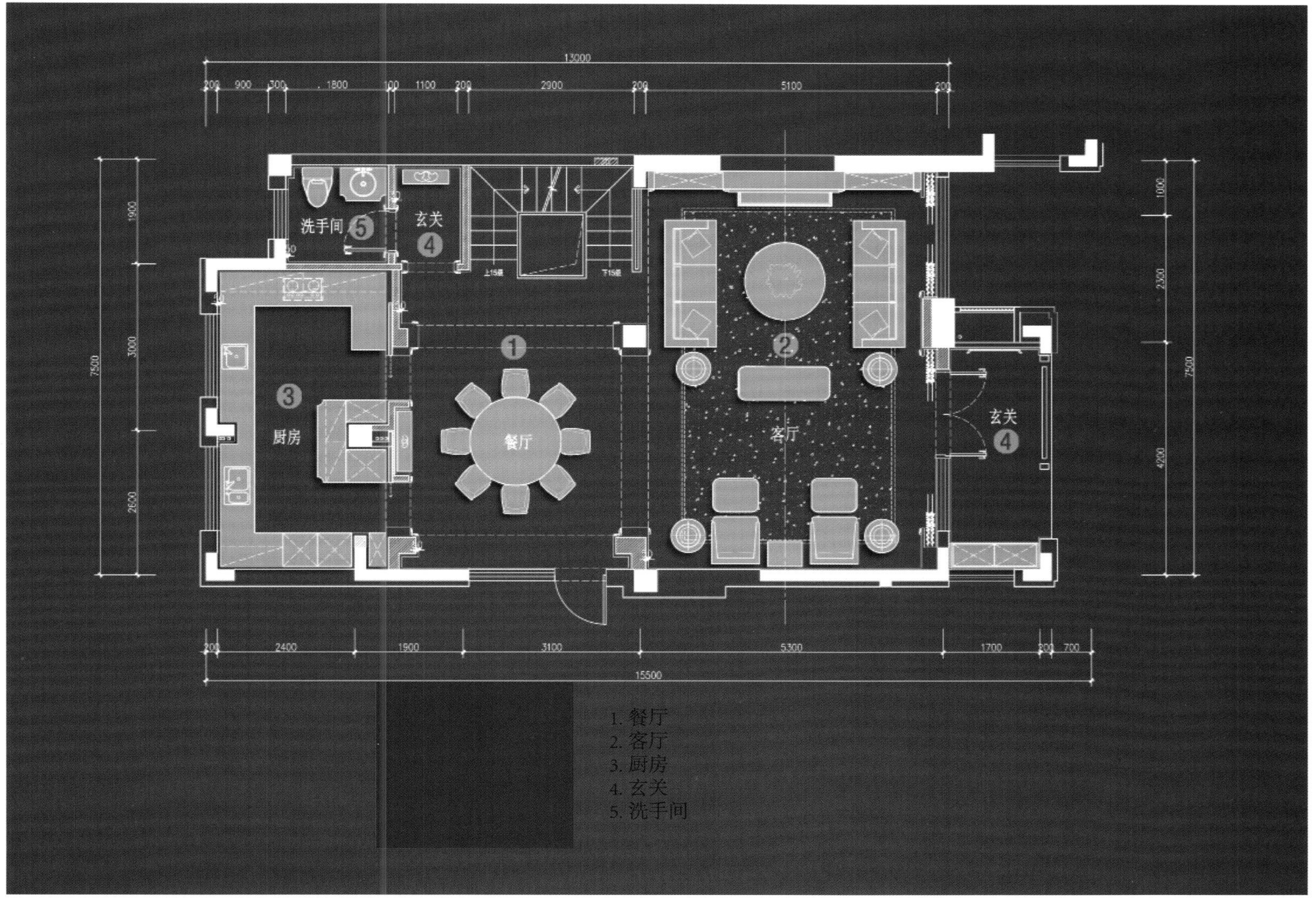
洗手间 5
玄关 4
3 厨房
1 餐厅
2 客厅
玄关 4
1. 餐厅
2. 客厅
3. 厨房
4. 玄关
5. 洗手间

ALLURE

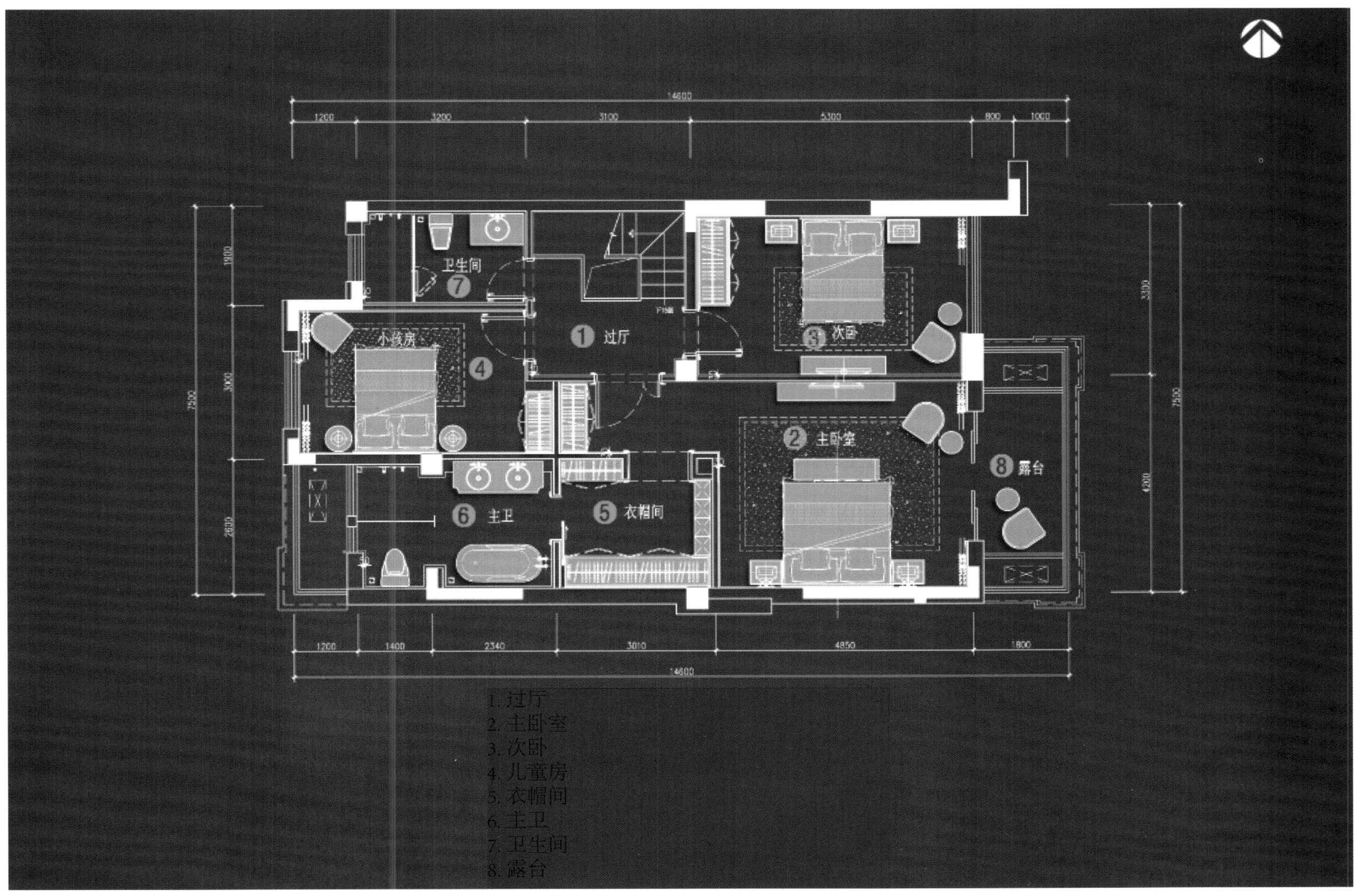
14600
1200
3200
3100
5300
800
1000
卫生间
7
1
过厅
3
次卧
小孩房
4
2
主卧室
8
露台
6
主卫
5
衣帽间
1200
1400
2340
3010
4850
1800
14600
1. 过厅
2. 主卧室
3. 次卧
4. 儿童房
5. 衣帽间
6. 主卫
7. 卫生间
8. 露台

卓越时代广场样板房 A2 户型

设计机构：深圳市大森设计有限公司　　项目面积：94 m²

软装设计：徐文静、连哲、罗娓、朱光丽

项目地址：广东・东莞

本案定位为美式风格设计，汇集欧美风格优秀的设计元素，摒弃其繁琐的倾向，在结构造型上相对简单，凸显出人们崇尚自由、随意而不被约束的生活方式。色彩朴素，完美表现人们回归自然，追求舒适、休闲、怀旧的生活气息。整个格调简约而不简陋，朴实的地板、素雅的墙面、舒适雅致的家具，给人以儒雅、大气的印象，软装搭配浑然天成，自然成趣。

各式朴实而又略带岁月沧桑的家具，展现出一个宜居的生活空间。实木地板、软包、墙纸等材质的巧妙运用，古朴质感的茶几与桌椅、牛皮纸质的摆件、吊灯等，均展现其美式风格中粗犷的自然特色。背景墙上的装饰挂件则呈现出另一番的罗马风情。壁柜及饰品等将这个空间的精致与格调展现得淋漓尽致。灯饰、烛台等配饰，都与整体设计风格契合得完美无间，仿佛拥有曼妙舞姿的精灵，有着极强的表现力。

现代城花园 36B 样板房

设计机构：深圳市帝凯室内设计有限公司　　项目地址：广东·惠州

设 计 师：徐树仁、李进念、庄祥高　　项目面积：100 m^2

软装设计：李靖云

本案设计是以含蓄、奢华、永恒与无限感性的阿玛尼风格为主题。风格奢华而不奢靡，贵气而不张扬，简化的线条，带着一种悠闲的舒适感。石材及镜面让空间的质感细腻，极富心思的家具配饰，隐约的显露出空间优越的品位。设计师想让样板空间能让人感觉娴静舒适，让高贵优雅之气弥散开来，呈现出别样的奢华风度。

VILLA

世外桃源——属于音乐的低调奢华

设计机构：	大荷室内装修设计工程有限公司	项目面积：	室内 320 m^2 庭院 120 m^2
设 计 师：	林希哲、李淑芬	摄 影 师：	张晨晟
项目位址：	台湾・新北	主要材质：	米色大理石、黑云石、人造透光石等

此案完全由业主授权给设计师自由发挥，从一个杂草丛生、不适合人居住的建筑为起点，最终建构出一个三代同堂的世外桃源。

设计师将这个项目由外到内，像雕塑般一层层重新建构，进而打造了一处属于家的美好。

设计师彻底地改变了建筑的原型，保留基础，外观则以现代切割面为主，勾勒出现代、简洁的建筑造型。

室内空间，由于业主的嗜好使然，客厅的桌几选用了特别定制的泡茶桌，侧边加设给、排水装置，方便业主用水。室内音响设备及卡拉OK机，亦于装修时一并考量，客、餐厅间造价不斐的演奏型古典钢琴，融入在低调、奢华的空间里，谱写出不平凡的音乐飨宴空间。

绿野仙踪 贵阳乐湾国际

设计机构：广州道胜设计有限公司	项目地址：贵州
主设计师：何永明	项目面积：248 m^2
设计团队：道胜设计团队	摄 影 师：彭宇宪

空间因人而生，因人而动，也因人而诞生出有意义的形式。本案设计师运用格局与区域本身的特性，在空间方寸之中融入细腻的观察与思考。室内中以洗练、纯净的白色及高贵、优雅的灰色为主色调，配以清新的绿色，平衡出了无限的舒适感。

家具摒弃了繁复与浮夸，配上适量的香槟金箔，勾勒出华贵的气质。别具一格的铜质灯饰、精致独特的内饰，演绎出空间的温馨与奢华，在浓烈的艺术氛围中体现浪漫、自由的生活态度。

在茶室中这个富有禅意的独立空间，糅合中西方艺术元素，透过丝丝禅意，体现业主超凡的品位，呈现盎然的生活体验。

素净、雅致的主卧，半哑光素色真皮在深色木饰面的衬托下呈现丰富的层次感，精致的水晶饰品，也使得空间愈发沉稳、内敛、精致和优雅。淡淡黄绿色的点缀，使空间个性鲜明、视觉冲击强烈。

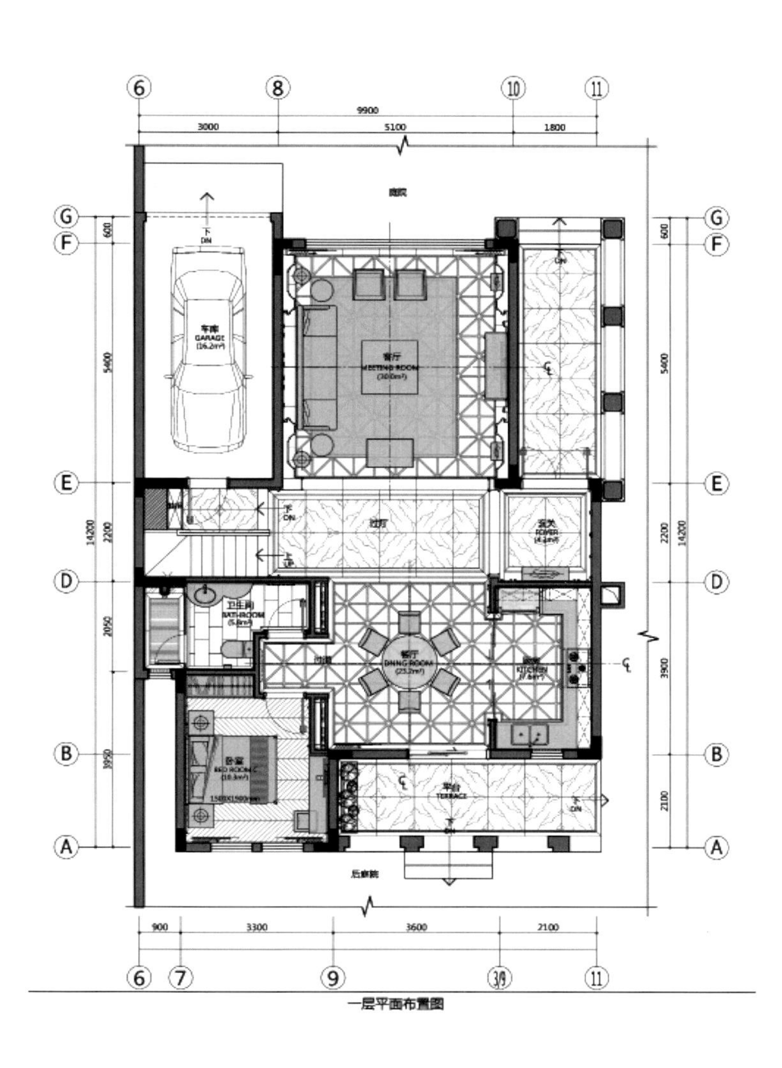

6
8
10
11
9900
3000
5100
1800
G
F
E
D
B
A
600
5400
2200
14200
2050
3900
3950
2100
下
DN
车库
GARAGE
(16.2m²)
客厅
MEETING ROOM
(30.0m²)
上
UP
卫生间
BATHROOM
餐厅
DINING ROOM
(23.2m²)
卧室
KITCHEN
平台
TERRACE
900
3300
3600
2100
7
9

一层平面布置图

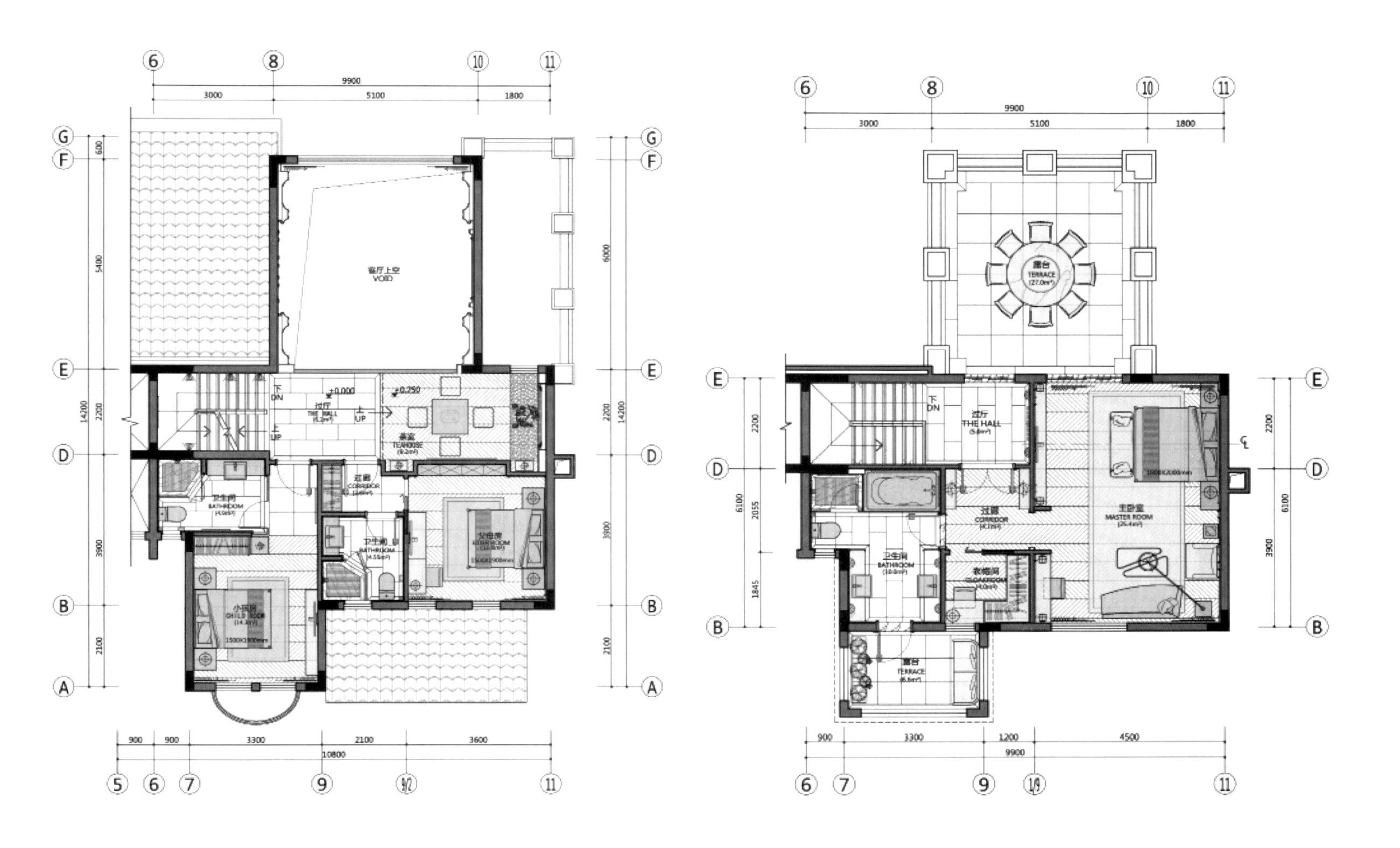

客厅上空
VOID
下
DN
±0.000
过厅
THE HALL
上
UP
+0.250
茶室
TEAHOUSE
过廊
CORRIDOR
卫生间
BATHROOM
父母房
小孩房
CHILD ROOM
(14.3m²)
1500X1900mm
9900
3000
5100
1800
5400
2200
3900
2100
6000
14200
900
3300
10800
2100
3600
露台
TERRACE
(27.0m²)
主卧室
MASTER ROOM
(26.4m²)
1800X2000mm
衣帽间
CLOAKROOM
(6.8m²)
6100
2055
1845
1200
4500

HUBLOT

东方百合私宅

设计机构：金元门设计　　项目面积：400 m^2

设 计 师：葛晓彪

项目地址：浙江・宁波

一楼的阳台被收入了茶厅之中，斯芬克斯茶几与休闲椅凭窗而立，别出心裁地使用磨砂百叶，让户外的树影与阳光成为一幅天然的画作，无论欢聚时刻，还是独处时光，似乎总有那么一个对象，能与你心领神会，或许是那人，或许是那物，又或许是那光……

设计中的装饰品经过精心挑选，有很多本身就是艺术品。“我喜欢去各地挑选家具和陈设，并将不同的家具和饰品组合。“设计师说，他还会将各地艺术家的作品和他自己的作品结合起来，打造出独特的感觉。

在现代家庭生活中，会客厅的功能越来越少的被使用，但每次使用却变得越来越重要，基本上，现在只有至亲和贵宾才能被约到家中，所以会客厅具有了更大的礼节性意义，它的布置陈设，每一点都不容忽视。在这个会客厅中，设计师制作的唇形画和复古壁炉的结合，让客厅增加了素雅和性感。房屋每层的设计都按功能划分：最上层是主卧，孩子们的房间在二层，一层则是起居室和正式的会客室，厨房、餐厅和部分盥洗功能则位于最下层。为了更畅通，楼梯扶手和隔断采用线条构建，轻巧而具有艺术性，不但让室内的自然光照更加充足，同时也让室内的氛围变得更加开放和舒适。二楼拥有两个卧室，儿童书房及琴房，设计师选用了一些具有雕塑感的家饰，如定制工艺品和现代艺术品。三楼的主人书房中，设计师大胆地选用了摄影师克里斯・冯・旺根海姆的作品，在理性中孕育着浪漫与激情。

MILTON

GI10 住宅案

设计机构：台北玄武设计	项目地址：台湾·台北
设计团队：黄书恒、欧阳毅、陈佑如、张铧文	项目面积：495 m^2
软装设计：胡春惠、张禾蒂、沈颖	摄 影 师：赵志程

本案是坐落在城市新区的宅邸，既有半山坡的绿意相伴，从客厅落地窗放眼望去，广场的辽阔视野，也成为居所的重要亮点，作为退休生活的启始，必然需要一番缜密而细腻的规划。玄武设计考虑业主姐弟与母亲同住的实用需求，以及居住者对于美学风格的追求，力求艺术生活化，生活艺术化，进而最终择以现代巴洛克为基底，以其独有的收敛与狂放，配合玄武设计擅长的中西混搭——冲突美学，铺陈出空间视觉特点。

梅花 王安石
墙角数枝梅，凌寒独自开。
遥知不是雪，为有暗香来。

成都复地御香山别墅

设计机构：矩阵纵横设计	项目面积：337 m^2
设计团队：王冠、刘建辉、刘瑶	竣工时间：2015 年 08 月
项目地址：四川・成都	主要材质：白洞石、水洗白木饰面、龙鳞洞石等

整个空间大面积的透光，使得室内光线感增强，强调空间的整体性和风格的统一性。设计师提倡自然简洁和理性的规则，比例均匀、形式新颖、材料搭配合理、收口方式干净利落、维护方便等。整个内部结构严密紧凑、空间穿插有序、各界面之间的虚实构成效果要比较明显，通过虚实互换的空间形象，取得局部与整个空间的和谐，强调空间的完整性和高贵、典雅感。各种仿古和自然性极强的材料被运用在空间里，例如动物模型、白洞石、龙鳞洞石、皮革、仿古砖等。这些材料的运用都是为了打造一种返璞归真、恬静自然的生活氛围。

LONDON

matrix
matrix

E

常州新城公馆样板房

设计机构：上海牧笛室内设计有限公司　　项目面积：225.1 m^2

设 计 师：毛明镜

项目地址：江苏·常州

本案客厅与餐厅采用开放式布局，介入舞池概念，宽大的沙发和几案，随处安放的 Art-Deco 风格的摆件、挂画，使家成为更私人化的娱乐舞台。餐厅中，璀璨的水晶吊灯、赌场娱乐氛围的黑金餐桌、边柜和灰紫色绒面餐椅完美融合，营造出男女主人日常举行各种派对的场景，可谓独具匠心。

“渴望拥有，收集，是与生俱来的，无论男女。” Judith H. Dobrzynski 在纽约时报的一篇文章内写道：“只要有艺术，就有艺术收藏家。” 男主人很关注名人的艺术作品和拍卖会，这样才能让他的灵魂充满活力。而我们在这套精致的住宅内，力求营造的即是生活与艺术共存空间。

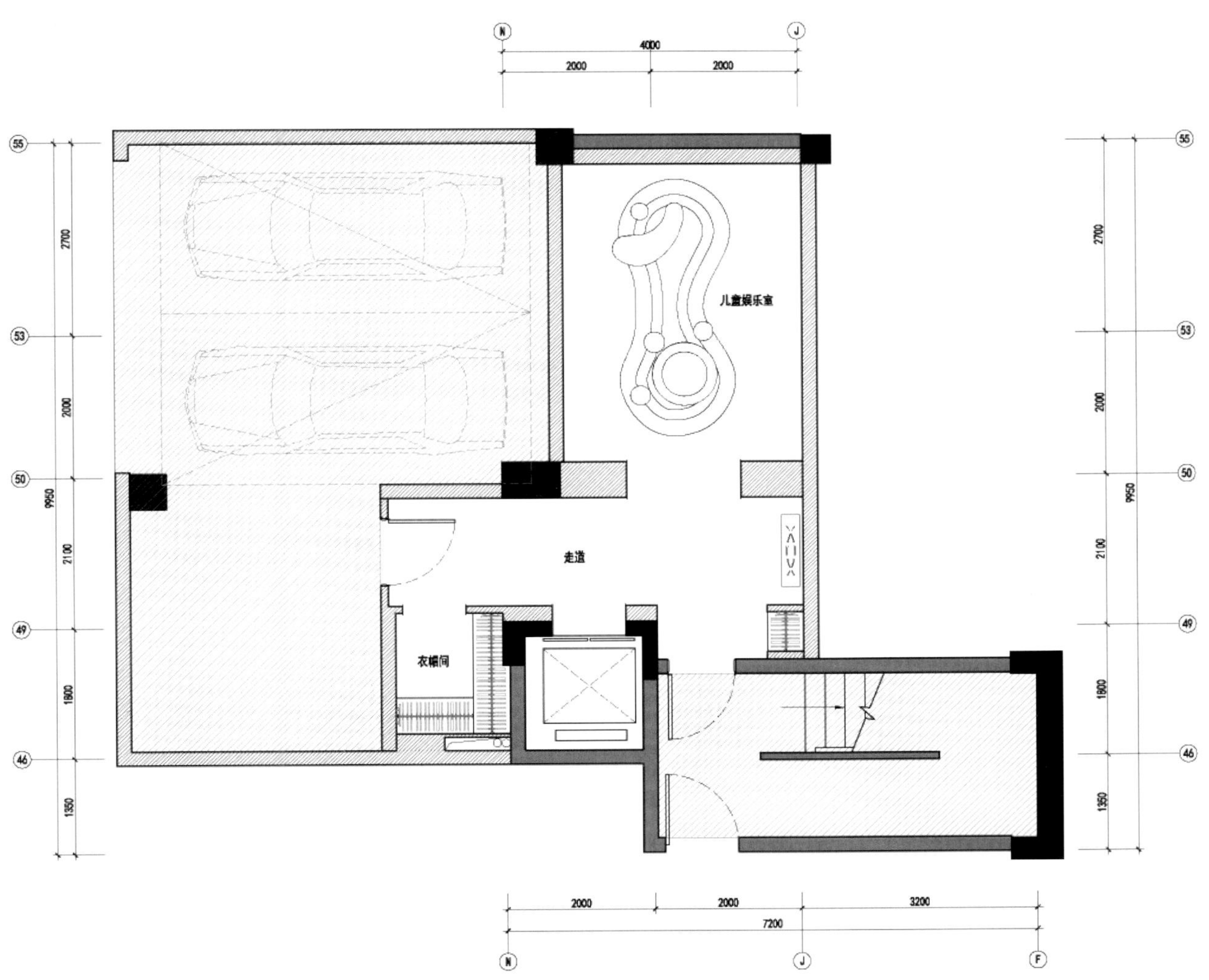
儿童娱乐室
走道
衣帽间
N
J
F
4000
2000
2000
3200
7200
55
53
50
49
46
2700
2100
1800
1350
9950

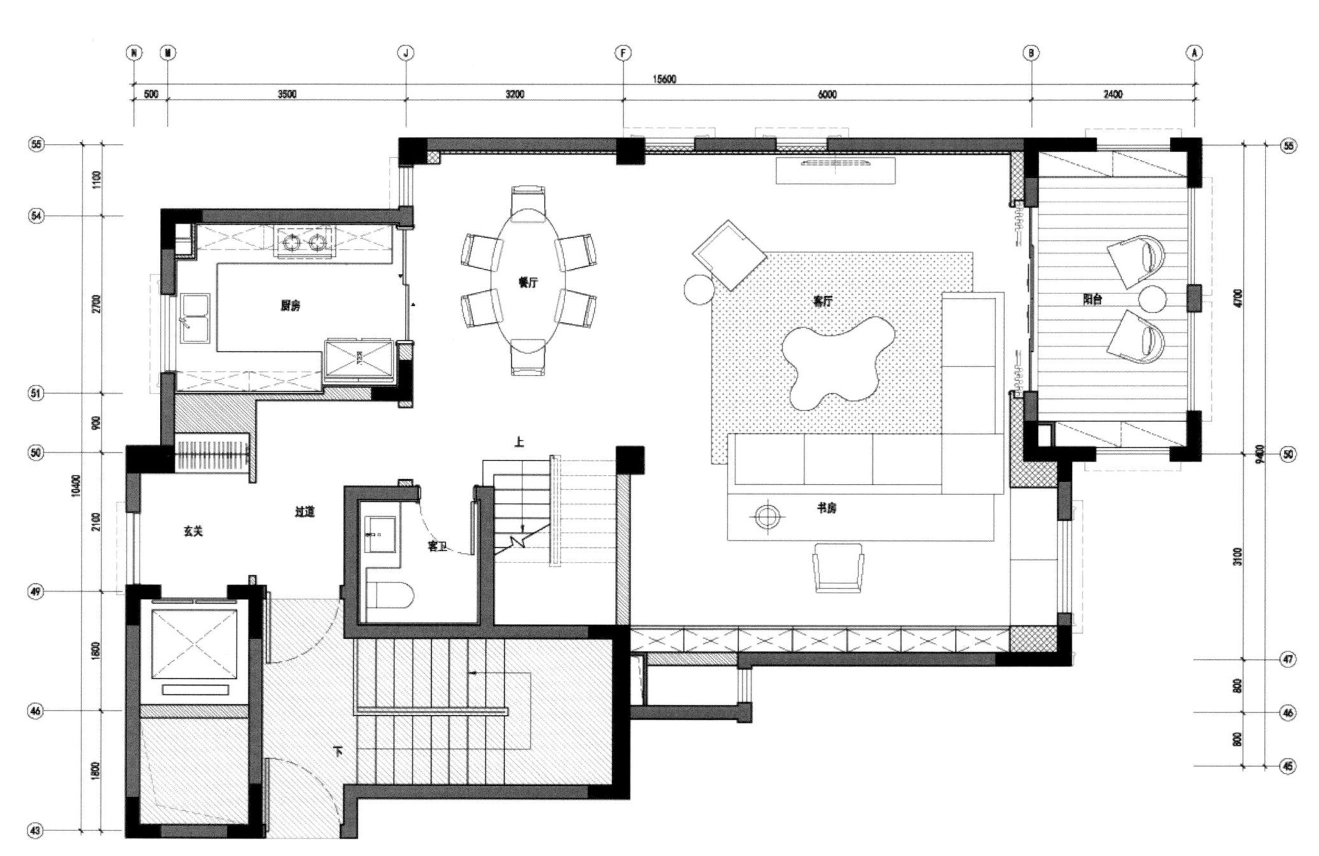

15600
500
3500
3200
6000
2400
1100
2700
900
2100
1800
1800
10400
4700
3100
9400
800
800
厨房
餐厅
客厅
阳台
上
玄关
过道
客卫
书房
下

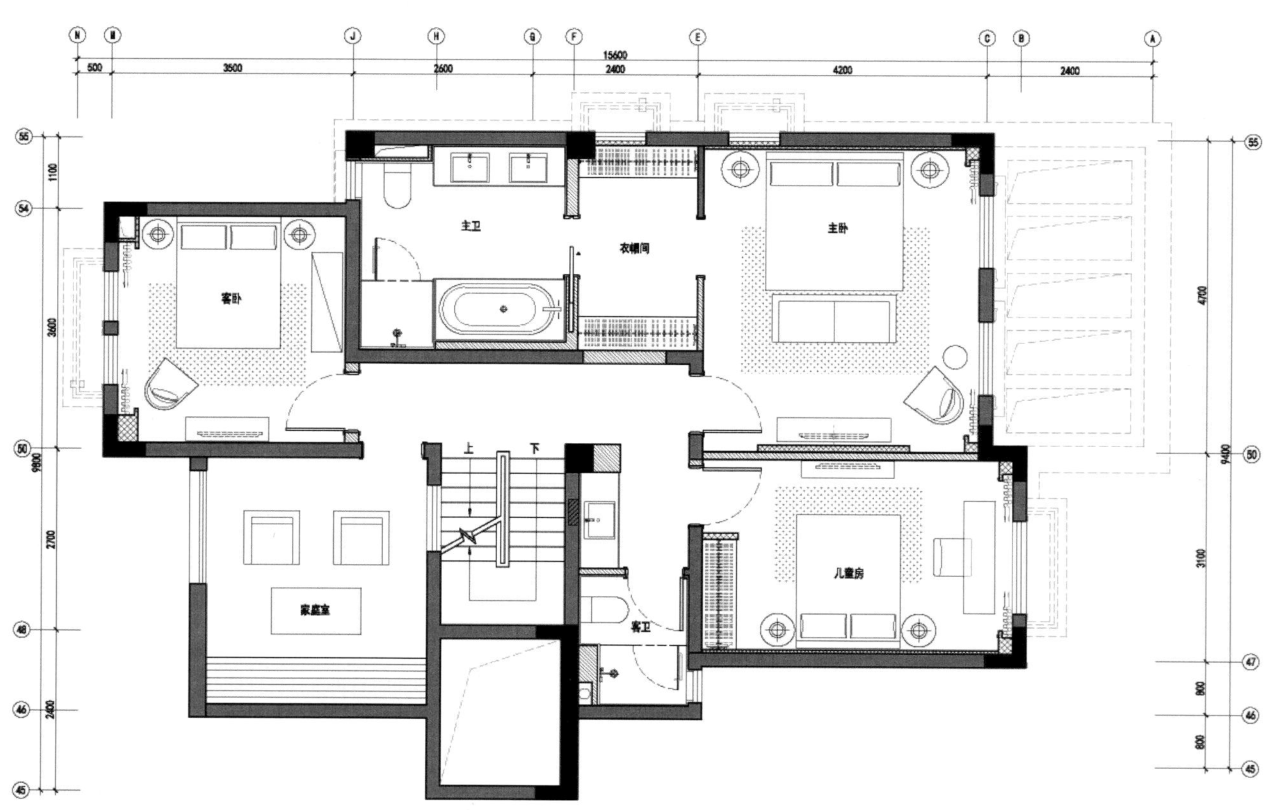
15600
500
3500
2600
2400
4200
2400
主卫
衣帽间
主卧
客卧
上
下
家庭室
儿童房
客卫
1100
3600
2700
2400
9800
4700
9400
3100
800
600

NEW-YORK
NEW-YORK
NEW-YORK
LONDON BUS

图书在版编目（CIP）数据

奢豪宅Ⅱ ：全2册 / 深圳市博远空间文化发展有限公司编. — 武汉 ：华中科技大学出版社，2017.6
ISBN 978-7-5680-2187-6

Ⅰ. ①奢… Ⅱ. ①深… Ⅲ. ①住宅－室内装饰设计－作品集－中国－现代 Ⅳ. ①TU241

中国版本图书馆CIP数据核字(2016)第213977号

奢豪宅 Ⅱ：全2册
SHE HAOZHAI Ⅱ:QUAN 2 CE

深圳市博远空间文化发展有限公司 编

出版发行：华中科技大学出版社（中国•武汉） 电话：（027）81321913
武汉市东湖新技术开发区华工科技园 邮编：430223
出 版 人：阮海洪

责任编辑：高连飞 责任监印：秦 英
责任校对：吴亚兰 美术编辑：王丹凤

印 刷：深圳市汇亿丰印刷科技有限公司
开 本：1020mm×1440mm 1/16
印 张：39.5
字 数：505千字
版 次：2017年6月第1版第2次印刷
定 价：756.00元（上、下册）

投稿热线：(010)64155588-8000
本书若有印装质量问题，请向出版社营销中心调换
全国免费服务热线：400-6679-118 竭诚为您服务